Simone Doepp
Gabriele Metz

Trick Dogs

Coole Kunststücke für clevere Hunde

KOSMOS

Inhalt

Die Geschichte der Trick Dogs

Unsere Hunde wollten mehr

Bereits im Jahr 2000 sammelte sich eine kleine Gruppe hunde-
begeisterter Menschen, um gemeinsam neue Wege im Bereich
der Hundebeschäftigung zu gehen. Schnell wurden die Übungen
im Agility, Dogdancing und in der Rettungshundearbeit langweilig,
meine Hündin Cheyenne und deren Kumpel wollten einfach mehr.
Also übten wir mit unseren Hunden kleine Tricks wie Rollen in allen
Varianten, Rückwärtsgehen, Apportieren von lustigen Gegenständen,
Tischdecken, Kopfschütteln usw.

*„Das war der Anfang mei-
ner Karriere!" Trick Dogs
sind clevere Kerle.*

Beginn einer Karriere

Kurz darauf bekamen wir die ersten Anfragen, ob wir unsere lustigen Hunde und deren Ausbildung nicht einem größeren
Publikum vorführen wollten. Natürlich wollten wir!
Fast zur gleichen Zeit erhielten unsere Vierbeiner
erste Fernseh- und Kinorollen. Ein Traum wurde wahr. Nachdem wir mit einer kleinen Show
rund um Agility, Dogdancing und klassischer
Hundeausbildung angefangen hatten, wurden
unsere Auftritte immer größer, und schon
bald hatten wir einen Sponsor gefunden. Beim
Publikum kam die Präsentation der Tricks besonders gut an – so kam es, dass wir uns von
unserem damaligen Sponsor trennten und eine
reine Trickshow ins Leben riefen, die von der
Markus Mühle unterstützt wurde. Jetzt fehlte nur
noch der passende Name für die bunte Truppe.
Nach einem kurzen Brainstorming in unserer
Werbeagentur war der Name Trick Dogs in null
Komma nichts geboren.

Das Team

Unser Team hat sich stets verändert und sich angepasst. Es ist enorm, zu welchen Leistungen unsere Hunde fähig sind, wenn man mit ihnen auf der Basis der positiven Bestärkung sinnvoll arbeitet. Ich hoffe, dass unsere Idee große Schule machen wird und viele Hunde in den Genuss kommen, nach unserer Methode Tricks zu erlernen. Aus der einst belächelten Idee ist inzwischen ein Boom geworden – und das macht mich sehr stolz und glücklich!

Ihnen und Ihrem Vierbeiner viel Spaß beim Üben und Ausprobieren wünscht Ihnen

Ihre

Simone Doepp

Trick Dog
Basics

DAS FUNDAMENT FÜR DIE SCHÖNSTEN TRICKS
Zu jeder Art von Hundesport gehören Basics, die gründlich
trainiert und zukünftig beherzigt werden sollten. Denn sie
bilden die Grundlagen, aus denen sich die tollsten Tricks
ableiten lassen.

und Vertrauen
Konsequenz

Erziehungs-Basics? Geht es beim Trickdogging nicht um Spaß? Sicher doch! Allerdings fehlt Ihrem Hund der kleine Knopf, mit dem man ihn auf den Spaßmodus umstellen kann. Ohne eine solide Erziehung gibt es nun mal keine Tricks.

Vertrauen zwischen Mensch und Hund, ein liebevoller Umgang miteinander, aber auch Konsequenz, richtige Führung und Disziplin – das sind die wichtigsten Grundlagen einer erfolgreichen Erziehung. Doch was verbirgt sich im Einzelnen dahinter?

Vertrauen

Vertrauen ist ein Gefühl, das sich im Lauf der Zeit entwickelt. Das gilt für den Hund ebenso wie für seinen Besitzer. Beide müssen lernen, sich gegenseitig zu vertrauen. Und diesen Status muss man sich erst einmal verdienen. Hunde schätzen von Natur aus souveräne, selbstbewusste Rudelführer. Unsicheren Menschen schenken sie längst nicht so schnell Vertrauen wie einem überzeugend auftretenden Zweibeiner. Logisch, denn was soll ein schwacher Rudelführer in einer gefährlichen Situation schon ausrichten? Wirklich sicher fühlt sich ein Hund nur bei Menschen, die mit beiden Beinen im Leben stehen. Von ihnen lassen sie sich auch gern leiten.

Liebevoller Umgang

Der liebevolle Umgang besteht vor allem aus Sozialkontakten. Hund und Mensch sind sich ganz nah, unternehmen etwas oder meistern gemeinsam Aufgaben. Ob auch enger Körperkontakt wie Streicheln oder Kuscheln dazugehört, hängt ganz individuell vom Wesen des Hundes ab. Manche lieben ausgiebigen Körperkontakt, andere verzichten durchaus auf überschwängliche Zuwendungen. Und dann? Kein Problem. Schließlich gibt es auch noch zahlreiche andere Möglichkeiten, liebevoll mit seinem Hund umzugehen. Indem man freundlich mit ihm spricht, zum Beispiel. Oder indem man die Körpersprache einsetzt, um Wohlwollen zu signalisieren. Allerdings ist ein liebevoller Umgang mit dem Hund nicht nur auf die Beziehung zwischen Mensch und Tier beschränkt. Die Möglichkeit, ausgiebig mit Artgenossen herumzutollen und Bewegungsfreude auszuleben, ist mindestens genauso wichtig für eine erfolgreiche Erziehung.

Konsequenz

Konsequenz ist ein weiterer Schlüssel zum Erfolg. Und gleichzeitig der Bereich, der am häufigsten unterschätzt und missverstanden wird. Konsequenz hat nichts mit Härte zu tun. Sondern mit eindeutigen Anforderungen und Signalen, die sowohl an die individuellen Bedürfnisse des Hundes als auch an die Umgebung angepasst sind. Eine einmal festgelegte Erziehungsrichtlinie muss morgen und in Zukunft ebenso Gültigkeit haben wie heute. Launenhaftigkeit und Nachlässigkeit des Ausbilders gefährden eine erfolgreiche Hundeerziehung. Ebenso wie übertrieben harte Maßnahmen, die unklare Signale vertuschen sollen.

Disziplin

Ein harmonisches Miteinander zwischen Hund und Mensch setzt auch Disziplin voraus. Der Hund muss seine Grenzen kennen und diese ohne Rückfragen einhalten. Unterdrückung? Keineswegs. Hat er gelernt, die klar gesteckten Grenzen zu respektieren, wird er das sogar in vollen Zügen genießen. Hunde lieben es, genau zu wissen, was von ihnen gewünscht wird.

Signalwörter

Im Training ist es sehr wichtig, dass Sie für Dinge, die Sie von Ihrem Hund erwarten, stets die gleichen Signale benutzen. Es hat keinen Sinn, einmal „Komm" und beim nächsten Mal „Hier" oder „Hierher" zu rufen, wenn ein Hund kommen soll. Denn für Ihren Hund ist es nur eine Vokabel, die er mühevoll lernen muss, und je mehr Wörter er aufgetischt bekommt, umso verwirrender wird es für ihn.

Worte können auch durch andere Geräusche, wie z. B. pfeifen, oder auch Gesten ersetzt werden. Bitte überlegen Sie sich Ihre Signale gründlich, da diese Sie ein ganzes Hundeleben begleiten werden.

Folgende Hörzeichen empfehle ich beim Hundetraining	
Hier	Der Hund kommt sofort in gerader Linie zum Hundeführer
Komm	Der Hund folgt und muss nicht bis zum Hundeführer kommen
Sitz	Der Hund setzt sich
Steh	Der Hund bleibt stehen
Platz	Der Hund legt sich
Fuß	Der Hund bleibt an der linken Seite des Hundeführers
Mitkommen	Der Hund folgt mit lockerer Leine
Aus	Der Hund lässt etwas aus dem Fang fallen
Pfui	Der Hund unterlässt sofort seine jeweilige Beschäftigung
Nein	Siehe Pfui
Bleib	Der Hund verharrt in seiner Position
Warte	Der Hund wartet, z. B. an einer Weggabelung

Folgende Hörzeichen verwende ich bei den Tricks

Left	Umrunden links
Right	Umrunden rechts
Down oder Head	Kopf ablegen
Aua	Pfote halb anheben und verharren
Diener oder Butler	Verbeugen
Winken	Pfote links heben und bewegen
Andere	Pfote rechts heben und bewegen
Gib Pfote	Pfote rechts geben
Guten Tag	Pfote links geben
Spiel tot	Auf die linke Seite legen
Schlafen	Auf die rechte Seite legen
Ganz tot	Auf den rücken drehen – Beine himmelwärts
Schlepp dich	Auf der Seite liegend kriechen
Robben	Der Hund robbt auf dem Brustkorb
Backrob	Der Hund robbt rückwärts auf dem Brustkorb
Hopp	Überspringen eines Gegenstands oder Körperteils
Jump	Auf der Stelle hochspringen
Männchen	Auf den Po setzen und den Oberkörper aufrichten
Frauchen	Auf den Hinterbeinen stehen
Zieh	Etwas ziehen
Push	Etwas schieben
Hol	Etwas nehmen und bringen
Take	Etwas ins Maul nehmen und festhalten
Bring weg	Gegenstände aufräumen
Wo ist die Maus	An einer bestimmten Stelle kratzen
Komm langsam	Anschleichen
Slow oder Easy	Einen Trick besonders langsam ausführen
Rolle	Linksherum rollen
Roll (engl. betont)	Rechtsherum rollen

Hörzeichen erfinden

Ihrer Fantasie sind keine Grenzen gesetzt und Sie können jeden Pfiff, jede Geste und auch jedes Wort für die verschiedenen Signale verwenden. Viele Kommandos werden bei aufwendigen Tricks auch kombiniert – keine Angst, Hunde haben eine schnelle Auffassungsgabe und verstehen unsere „Kommandofragmente" bald ohne Probleme. Und viele Signale entwickeln sich während des Übens – probieren Sie es aus. Sie können gern auch fremdsprachige Worte verwenden, Ihrem Hund ist das egal. Wichtig ist nur, dass Sie bei dem eingeführten Signal bleiben.

Distanz-
kontrolle

Der Traum vom großen Auftritt! Wer Trickdog-ging macht, ist diesem Ziel ganz nah. Zumindest dann, wenn die einstudierten Kunststücke aus der Distanz funktionieren. Die Zuschauer sollen gar nicht erst mitbekommen, dass der Hund den Signalen seines Ausbilders folgt.

Sie springen durch Glasscheiben, preschen kaltblütig durch Feuerwände und finden zielstrebig einen gut versteckten Gegenstand – erstaunlich, was Filmhunde alles leisten. Und das auch noch wie von Geisterhand geführt! Doch hierbei handelt es sich weniger um Magie als um die meisterhafte Ausführung der Distanzkontrolle. Irgendwo steckt nämlich der Hundetrainer, gibt eindeutige Signale und zeigt dem Hund genau, wo es langgeht. Doch er ist so weit vom Hund entfernt, dass ihn der Zuschauer nicht wahrnimmt. Distanzkontrolle macht den Trick kinoreif.

Auch für Nicht-Fimhunde äußerst praktisch

Da die Stars der Leinwand ohne Zweifel Vorbilder vieler Trick-Dog-Fans sind, gehört die Distanzkontrolle zum Basistraining. Vielleicht avanciert der eigene Vierbeiner ja auch zum Filmhund oder zum Modell eines professionellen Fotoshootings? Auch da ist es störend, wenn der Ausbilder ständig vor der Kamera auftaucht.

Dirigenten im Hintergrund

Doch wie funktioniert das mit der Distanzkontrolle? Es gibt eine Grundvoraussetzung: einen motivierten und diszipliniert mitarbeitenden Hund. Mit ihm lassen sich die wichtigsten Signalwörter wie „Sitz", „Platz" und „Steh" schrittweise aus einer immer größer werdenden Entfernung umsetzen. So erarbeitet man sich auch die anderen Trick-Dog-Übungen.

Nah dran am Geschehen

Dabei gehen Sie immer nach dem selben System vor: Zuerst arbeiten Sie in direkter Nähe zum Hund. Rufen Sie die Signalwörter ab und bestärken Sie den Hund, wenn er sie wie gewünscht umsetzt. Hierbei ist ein Clicker hilfreich. Mit ihm kann der Ausbilder einen Click auslösen, sobald der Hund das erwünschte Verhalten zeigt. Anschließend gibt es eine Belohnung. Ob ein Leckerchen, ein Streicheln oder das Lieblingsspielzeug am besten bestärken, ist von Hund zu Hund verschieden.

Strecke machen mit Hindernissen

Aus direkter Nähe klappt alles? Dann ist jetzt Strecke machen angesagt. Und damit der Hund nicht gleich hoch motiviert hinterherläuft, erschwert man ihm das Ganze mit einem Trick. Ein Agility-Tisch, eine Kommode oder ein ausrangierter Esstisch wirken Wunder. Steht der Hund erst einmal auf der erhöhten Plattform, fällt es ihm schwer, nach vorn zu treten. Bei manchen Hunden reicht übrigens schon ein Bordstein, um den Drang, vorwärtszustürmen, deutlich zu bremsen. Bleibt der Erfolg aus, helfen kleinere Trainingsschritte. Auch wenn der Hund aus größerer Distanz gehorcht, sollten Sie immer mal wieder näher an den Tisch herangehen und das Signalwort abrufen.

Clicker & Jackpot

Etwas verklickern bedeutet, etwas zu erklären, und ein Jackpot lässt vom großen Lottoglück träumen. Doch dass beides auch mit Hundeerziehung zu tun hat, wissen längst nicht alle. Hat es aber. Und zwar eine ganze Menge. Denn mit Clicker und Jackpot im Gepäck lassen sich beim Trickdogging große Sprünge machen.

Wundermittel Clicker

Viele Trickdogger schwören auf ihn. Kein Wunder, denn der Clicker vereinfacht die Erziehung des Hundes ganz ungemein. Dabei ist es egal, ob mit einem speziellen Clicker, einem anderen Geräusch, einem Wort oder einem nostalgischen Gerät gearbeitet wird, das ein klickendes Geräusch macht, wenn man es mit Daumen und Zeigefinger drückt. Hauptsache, der Hund nimmt sofort das bestärkende Signal wahr, sobald er das gewünschte Verhalten zeigt.

Denksport für Vierbeiner

Ganz wichtig: Der Hund soll selbstständig erarbeiten, welche Verhaltensweise schließlich zum bestärkenden Click führt. Sein Kopf leistet dabei „Schwerstarbeit". Vielleicht muss der Hund viele verschiedene Möglichkeiten ausprobieren, bevor es endlich clickt. Doch dieser Moment, dem eine direkte Belohnung folgt, bleibt unvergesslich. Der Hund merkt sich den Zusammenhang zwischen einer bestimmten Verhaltensweise und dem Click in der Regel blitzschnell. Er wird dieses Verhalten zukünftig hoch motiviert von selbst anbieten. Und das ist eine gute Gelegenheit, es mit einem bestimmten Signal zu verknüpfen.

Der perfekte Moment

Doch damit nicht genug: Ein Clicker hilft auch, die Ausführung eines bestimmten Signals zu verbessern. Vielleicht soll es schneller, langsamer oder präziser werden. Jetzt ist eine genaue Beobachtungsgabe gefragt, denn es gilt, den perfekten Moment mithilfe des Clickers zu bestärken. Aktivität und auch Passivität lassen sich mit dem pfiffigen Trainingshelfer ganz wunderbar steuern.

Sechs Richtige im Hunde-Lotto

Mindestens ebenso beliebt und wichtig wie der Clicker ist der Jackpot. Und der hat in diesem Fall weniger mit einem Sechser im Lotto zu tun als mit einem Motivations-Booster ohnegleichen. Ein Jackpot – das sind eine ganze Handvoll Leckerchen, das Freigeben des Lieblingsspielzeugs oder ein ausgiebiger Freilauf nach bravem Warten an der Leine. Was genau er ist, hängt allein vom Hund ab. Das, was ihm am allermeisten Freude bereitet, ist sein persönlicher Jackpot.

Gewinnausschüttung für Superstars

Doch wann gibt es diesen Jackpot? Sicherlich nicht nach jedem kleinen Trainingsschritt. Dann würde er seine hoch motivierende Wirkung schnell verlieren. Den Jackpot gibt es nur, wenn der Hund einen großen Coup landet. Das kann eine herausragende Leistung oder ein besonders schwieriger Trainingsabschnitt sein. Der Moment des Jackpots ist der Augenblick, in dem der Hund für einige Sekunden der Star ist. Das System ist einfach, aber genial. Denn Hunde lieben es, groß herauszukommen, im Mittelpunkt zu stehen und von ihrem Menschen gefeiert zu werden. Somit wächst der Eifer, den Jackpot zu erlangen, mit jedem erfolgreichen Tag. Und das machen sich Trickdogger geschickt zunutze.

Das Target-Training

Target ist englisch und bedeutet Ziel. Doch auf den ersten Blick erinnert der Target-Stick (= Zielstab) eher an den Schulunterricht. Genau genommen an den Zeigestab des Erdkundelehrers auf der Welt-karte. Dass er nun auch bei der Hundeerziehung zum Einsatz kommt, ist relativ neu. Doch die Trai-ningsergebnisse überzeugen.

Das klassische Touch-Target (= Berührungsziel) ist nichts ande-res als ein Teleskopzeigestab. Eine Radioantenne oder ein Stock mit einem Stück Klebeband an der Spitze sind bestens geeignet. Doch was macht man damit?

So gehts

Halten Sie den Target-Stick gut sichtbar, circa 40 Zentimeter weit von der Hundenase entfernt. Das macht den Vierbeiner neugierig, und er schnuppert am Stab. Wenn die Hundenase den Stab berührt, ist bereits das erste Lernziel erreicht. Ausgiebig loben und das Ganze wiederholen. Die meisten Hunde sind begeistert. Sie ist einfach und macht Spaß. Doch es gibt natürlich einen Hintergedanken: Der Target-Stick dient später dazu, die Blickrichtung des Hundes aus der Distanz zu steuern. Es ist auch möglich, den Körper des Hundes mithilfe des Sticks zu lenken, ohne ihn zu berühren.

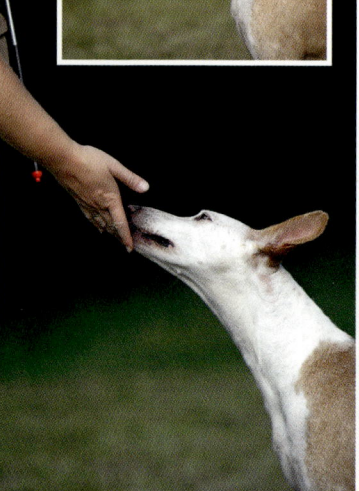

Wurstgerüche wirken Wunder

Obwohl es selten vorkommt, gibt es Hunde, die den Stab ignorieren. Ist das der Fall, wirkt das Einreiben der Stabspitze mit einem Stück Bock- oder Leberwurst Wunder. Schon strebt die Hundenase zum Stick, und es gibt eine Belohnung. Später erfolgt die Entwöhnung. Schließlich ist es lästig, beim Trickdogging ständig ein Glas Würstchen mit sich herumzuschleppen. Also: den Duft an der Stabspitze nach und nach abschwächen. Legen Sie immer mehr Wert auf die Belohnung aus der Hand.

Gib Pfötchen!

Ein weiteres, wirksames Hilfsmittel beim Trickdogging ist das Step-Target (= Schritt-Ziel). Dazu verbirgt der Ausbilder ein Leckerchen in der geschlossenen Hand und motiviert den Hund, an das Leckerchen heranzukommen. Der Hund riecht den Leckerbissen und versucht – meistens erst durch Kratzen oder Lecken – es zu erwischen. Das klappt aber nicht, denn der Ausbilder öffnet die Hand mit dem Leckerchen nur, wenn der Hund mit seiner Pfote die Hand berührt. Die meisten Hunde verstehen den Zusammenhang schnell und legen ihre Pfote sofort auf die geschlossene Hand. Meistens wird es sich hierbei immer um dieselbe Pfote handeln. Denn Hunde haben eine „Schokoladenseite", mit der sie lieber arbeiten als mit der anderen. Um flexibel zu bleiben, muss aber auch die andere Pfote ran. Also, das Leckerchen in der anderen Hand verstecken und sie nicht öffnen, solange der Hund seine Lieblingspfote darauflegt. Erst wenn er es mit der anderen versucht, schnell die Hand öffnen und das Leckerchen freigeben. Auf diese Weise lässt sich der Einsatz einer bestimmten Pfote steuern, abhängig davon, welche Hand das Leckerchen hält.

Fliegenklatsche als Step-Target

Dann kommt das Step-Target zum Einsatz, eine simple Fliegenklatsche. Sie hilft, die Hundepfote auf jeden erdenklichen Gegenstand zu trainieren. Zuerst hält der Ausbilder wie gewohnt die Hand hin, allerdings befindet sich jetzt das Step-Target darunter. Nachdem der Hund die Hand wie gewohnt berührt hat, beginnt der Trainer, die Hand zurückzuziehen, damit die Pfote die Fliegenklatsche trifft.

Etwas nehmen und festhalten

Apportieren? Das klingt nach klassischer Hunde-ausbildung. Stimmt, aber auch neue Trends kommen meistens nicht ohne bewährte Basics aus. Deshalb legen Trickdogger größten Wert auf das gezielte Nehmen und Festhalten von Gegenständen, Apportierübungen und Aufräumen. Denn mit diesen drei Basiselementen lassen sich viele aufregende Kunststücke entwickeln.

Als erstes stehen gezieltes Nehmen und Festhalten auf dem Trainingsplan. Am besten wählen Sie einen Gegenstand aus, der den Hund nicht gleich zum Spielen motiviert. Etwas Langweiliges also, wie einen Kugelschreiber oder einen Strumpf zum Beispiel. Achten Sie auf eine entspannte Atmosphäre mit wenig Ablenkung und legen folgendermaßen los: Am besten ärgert man den Hund ein bisschen mit dem Gegenstand und motiviert ihn mit Stimme und Körpersprache dazu, das Objekt ins Maul zu nehmen. Das klappt meistens recht schnell, wenn auch nur für einen kurzen Moment. Jetzt gilt es, diesen Moment möglichst schnell zu bestärken.

Das kann ein sanftes Streicheln an Kopf oder Hals sein, genau dann, in dem der Hund den Gegenstand im Maul hält. Manche Hunde mögen es auch, wenn man eine Hand sanft unter ihr Kinn legt. Der Hund sollte es auf jeden Fall als belohnend empfinden. Was hierbei am besten wirkt, ist ganz individuell. Einfach ausprobieren.

Hilfe! Es klappt nicht

Es gibt Probleme? Der Hund weigert sich, den Gegenstand ins Maul zu nehmen? Dann kommt der Clicker zum Einsatz. Gehen Sie folgendermaßen vor: Machen Sie zuerst den Hund auf den Gegenstand aufmerksam. Bestärken Sie bereits den ersten Blickkontakt mit dem Clicker. Dann motivieren Sie ihn, den Gegenstand ins Maul zu nehmen. Beim ersten Nasenkontakt clickern und belohnen Sie, ebenso den ersten Maulkontakt.

Wer bei dieser Übung mit dem Clicker arbeitet, sollte bereits zuvor Erfahrungen mit diesem gesammelt haben. Ansonsten könnten Hund und Ausbilder beim Aufbau eines neuen Tricks an Überforderung scheitern. Eine neue Herausforderung reicht, deshalb erst die Trainingsbasis erstellen und dann am nächsten Trick feilen.

TIPP

Für Weichmäuler

Manche Hunde haben ein extrem „weiches" Maul und beißen ungern auf harte Gegenstände. Ihre Motivation lässt sich am besten mit weichen Trainingsgegenständen erhalten. Also, eher den Strumpf als den Kugelschreiber nehmen. Sollte es für einen bestimmten Trick wichtig sein, auch harte Gegenstände aufzunehmen, lassen sich die meisten Hunde schrittweise darauf hintrainieren. Erst mit weichen Gegenständen arbeiten und mit der Zeit immer härtere nehmen. Anfangs hilft es auch, einen harten Gegenstand mit einem weichen Lappen zu umwickeln und die Polsterung nach und nach abzubauen.

Apportieren

Was für einen „hundelosen" Beobachter oft nach dem dritten, mit Bravour gemeisterten Apportierdurchlauf einfallslos und höchstens gähnend langweilig wirken mag, hält Hunde und deren Besitzer schon seit Menschengedenken fit und bei bester Laune. Es gibt kein anderes Spiel, das sich einer so langen Tradition erfreut wie das fröhliche Hin und Her, bei dem ein Gegenstand durch die Luft gewirbelt und anschließend herumgetragen wird.

Da muss man sich doch fragen, was eigentlich die Faszination dieses kommunikativen Miteinanders ist und warum gewisse Spezies davon gar nicht genug bekommen können. Ist es die pure Lust an der Bewegung? Hat das Ganze mit dem Beutetrieb des Hundes und dem Jäger-und-Sammler-Instinkt des Zweibeiners zu tun oder stellt das Apportieren das größte Rätsel innerhalb der Mensch-Hund-Beziehung dar? Aus psychologischer Sicht gesehen liegt die menschliche Faszination ohne Frage in einem zutiefst befriedigenden Erfolgserlebnis begründet. Der Hund verhält sich ganz genau so, wie wir es von ihm erwarten; er lässt sich von uns gezielt steuern und ist dabei noch bester Dinge.

Die Lust am Beutemachen
Verhaltensforscher sehen Erklärungen für die weitverbreitete „Apportierwut" eher in der Biologie des Hundes.

Da der beste Freund des Menschen von Natur aus ein hochsensibles und effektives Raubtier ist, schlummert selbst im häuslichsten Wauzi eine wilde Seele, die nach Jagd und Beutemachen lechzt.

Apportieren kommt somit der Natur des Hundes entgegen und erlaubt ihm, seinen ansonsten oft so unterdrückten Beutetrieb hemmungslos auszuleben. Dass er die Beute anschließend brav zum Rudelchef trägt und ohne Protest auf Kommando hin auslässt, ist ein meisterliches Ergebnis der Erziehung und prägt den Unterschied zwischen einem eigenständigen Raubtier und einem Wesen, das eine lange Geschichte der Domestizierung hinter sich hat.

Tragen mit Begeisterung

Bevor es ans Apportiertraining geht, sollte der Hund bereits gelernt haben, Gegenstände mit dem Maul aufzunehmen und festzuhalten. Wenn das problemlos klappt, geht man dazu über, den Gegenstand nicht mehr mit der Hand zu übergeben, sondern ihn auf den Boden zu legen. Nimmt ihn der Hund jetzt selbstständig auf und hält ihn fest, gibt es eine Belohnung. Manche Hunde haben einen sehr ausgeprägten Apportierwillen. Sie lassen sich ganz hervorragend anfeuern, sobald sie die „Beute" im Maul tragen. Ist das der Fall, kann der Ausbilder auch versuchen, den Hund zu einem Beutetausch zu motivieren. Das macht er, indem er dem Hund einen anderen, noch tolleren Gegenstand als Tausch anbietet. Das kann auch ein Leckerchen sein. Effektvolles Trickdogging lebt natürlich vom Apport der unterschiedlichsten Gegenstände. Deshalb ist sofort ein dickes Lob angebracht, wenn der Hund von selbst auf die Idee kommt, einen ungewöhnlichen Gegenstand zu tragen. Ständige Verbote wären schädlich. Sie führen dazu, dass der Hund später beim Training Hemmungen hat, bestimmte Gegenstände aufzunehmen, weil er das sonst auch nicht darf.

Wurst-Spezial
& Aufräumen

Einen Kugelschreiber zu apportieren, fällt den meisten Hunden leicht. Wenn sie eine verführerische Bockwurst im Maul halten, diese aber nicht fressen dürfen, kostet sie das ganz schön viel Überwindung. Die zweite Übung hilft bei der Hausarbeit und ist Grundlage für viele Übungen: das Aufräumen.

Step 1 – Dummy mit Wurstwassergeschmack

Der Dummy wir zuerst mit Wurstwasser getränkt und das macht ihn sehr appetitlich. Die Sache hat allerdings einen Haken: Es riecht zwar gut, aber fressen kann man ihn nicht. Der Trainer übergibt dem Hund das Wurstwasserpräparat. Erst riechen lassen, dann auffordern, den Dummy mit dem Maul festzuhalten.

Step 2 – Frustriertes Nagen

Anfangs kaut der Hund vielleicht noch interessiert darauf herum, weil er unter dem Stoff eine Wurst vermutet, doch diese Versuche verlaufen erfolglos. Folglich gibt es der Hund früher oder später auf – und ist dem Trainingsziel schon wieder ein Stückchen näher.

Step 3 – Mit echter Wurst

Anstelle des Wurstwasserdummys wartet nun ein echtes Würstchen auf den Hund. Die Versuchung, in den saftigen Leckerbissen hineinzubeißen, ist groß. Doch wenn der Apport vorher sorgfältig vorbereitet wurde, müsste auch diese Herausforderung zu meistern sein. Eine weitere Möglichkeit wäre, die Wurst mit einem Stück Wasserschlauch zu überziehen und diesen Zentimeter für Zentimeter zu kürzen.

Aufräumen
Step 1 – Ab auf den Apport-Target
Es ist Zeit, das nächste Ziel anzusteuern. Und das heißt: aufräumen.
Hierbei hilft ein Apport-Target. In diesem Fall handelt es sich um
einen blau bespannten Bogen, der am Boden liegt.

Step 2 – Wirf es auf die Unterlage
Beim nächsten Apport nimmt der Ausbilder den Gegenstand nicht
wie gewohnt mit der Hand an, sondern motiviert den Hund, ihn auf
die blaue Unterlage fallen zu lassen. Bei Erfolg ausgiebig belohnen
und das Ganze mehrmals wiederholen.

Step 3 – Auf Distanz
Sobald diese Übung zuverlässig klappt, langsam die Distanz zwi-
schen Apport-Target und Hundeführer erhöhen. Dies ist eine gute
Vorbereitung für anspruchsvolle Tricks wie „Müll einsortieren" oder
„Flaschen in die Kiste räumen".

Klettern, Sitzen, Fahren

Obwohl alle Trick-Dogs-Kunststücke völlig unterschiedlich wirken, bestehen sie oft aus ähnlichen Elementen. Nur werden diese Elemente jedes Mal anders kombiniert. Das Aufstellen der Pfoten, das Sitzen auf Gegenständen und das Herumkutschieren des Hundes sind drei dieser Basiselemente.

Jetzt geht es hoch hinaus. Der Hund lernt, auf das Signal hin mit den Vorderpfoten irgendwo hinaufzuklettern, denn das ist ein hilfreiches Element für viele tolle Tricks. Ein Spaziergang im Wald bietet beste Trainingsmöglichkeiten, aber anstelle eines Baumstamms kommen auch Hocker, Tonnen oder andere stabile Gegenstände mit sicherem Stand infrage. Es ist sinnvoll, mit einfachen Aufgaben zu beginnen und die Anforderungen langsam zu steigern. Der Fantasie sind hierbei keine Grenzen gesetzt. Eines ist wichtig: Den Hund immer ausgiebig loben, sobald er seine Vorderpfoten auf einen Gegenstand stellt. Vor allem dann, wenn er diesen Trick auch von selbst zeigt. Als Variante bietet sich das Auflegen einer Vorderpfote an. Das lässt sich sehr gut mit dem Step-Target trainieren. Auch das Auflegen des Kopfes ist eine witzige Alternative.

Balanceakt zwischen Aktivität und Passivität

Der Ausbilder ist in dieser Phase des Trainings doppelt gefordert. Zum einen muss er den Mut und die Aktivität des Hundes fördern, zum anderen gilt es jetzt auch, seine Passivität zu verstärken. Schließlich soll der Vierbeiner auch eine Zeit lang in der gewünschten Situation verharren. Sobald das funktioniert, kombiniert man die einstudierten Positionen mit dem Halten bestimmter Gegenstände und darf sich über die tollsten Fotomotive freuen (S. 28/29).

Erste Schritte für Rennfahrer

Der nun folgende Trainingsabschnitt ist nur für mutige Hunde geeignet, die ihrem Trainer voll vertrauen. Das Ziel ist, den Hund auf
verschiedenen Gegenständen sitzen zu lassen und ihn später damit
fortzubewegen. Da diese Übungen schnell an Anspruch gewinnen,
sollten Sie anfangs besonders langsam und behutsam vorgehen,
damit sich der Hund nicht erschreckt und einen Lernrückschritt
erleidet. Ein stabiler Stuhl eignet sich gut als Trainingsequipment.
Der Hund lernt, auf Kommando auf den Stuhl zu springen. Sobald
das klappt und er ruhig auf der Sitzfläche wartet, wackelt der Trainer
leicht am Stuhl. Erst wenn das funktioniert, ohne den Hund zu verunsichern, kommt ein fahrbarer Untersatz ins Spiel – zum Beispiel
ein Einkaufswagen.

Übungen mit Einkaufswagen

Der Einkaufswagen ist am Anfang fixiert, damit er nicht unkontrolliert wegrollt. Nun wird der Hund in den mit einer Decke gepolster-
ten Wagen gesetzt und gefüttert. Wirkt er völlig angstfrei, darf der
Trainer den Wagen einige Zentimeter weit bewegen. Währenddessen
erhält der Hund weiterhin Futter. Eine Hilfsperson ist in dieser Situation nicht schlecht. Denn der Hund darf keinesfalls Angst bekommen und von allein aus dem Wagen springen. Bei diesem Trick zahlt
sich langsames Vorgehen aus.

TIPP

Alltägliches im Einkaufswagen
*Im stehenden Wagen die Signale
„Sitz", „Platz", „Steh" oder
„Männchen" üben. Ein erfahrener
Trick Dog schafft das später auch
souverän beim Fahren.*

Natürliche Verhaltensweisen bestärken

Hunde zeigen von Natur aus eine ganze Menge Verhaltensweisen, die sich Trickdogger zunutze machen können. Gähnen, Bellen, Kratzen, den Kopf schütteln – aus all dem lassen sich viele lustige Tricks ableiten. Allerdings nur dann, wenn jede Verhaltensweise konsequent mit einem Signalwort verknüpft wird.

Die Kunststücke des Trick-Dogs-Teams sind anspruchsvoll. Viele stellen den Hund vor eine echte Herausforderung. Manches lässt sich vereinfachen, wenn der Trainer ein bestimmtes Verhalten sofort bestärkt, sobald es der Hund zufällig von selbst zeigt. Ein Beispiel hierfür ist das Strecken am Morgen. Verknüpft es der Hundeführer mit einem bestimmten Signalwort, lässt sich daraus ganz spielerisch das Kunststück „Diener" entwickeln. Andere häufig gezeigte Verhaltensweisen mit Tricktauglichkeit sind Kratzen, Kopfschütteln, Gähnen, Bellen und Jaulen. Sie alle lassen sich mit einem Signalwort verknüpfen. Der Hund muss den Zusammenhang nur wiederholt erleben und verstehen.

Protest-Bellen

Doch wer hat schon die Zeit, den lieben langen Tag darauf zu warten, dass der Hund endlich einmal bellt? Das muss man auch nicht, denn viele Verhaltensweisen lassen sich durch geschickte Einflussnahme manipulieren. Beispiel 1: Der Ausbilder bindet den Hund an und spielt selbst mit dem Lieblingsspielzeug des Vierbeiners. Der Hund versucht, daranzukommen, schafft es aber nicht, weil er angebunden ist. Die meisten Hunde reagieren hierauf mit Protest-Gebell. Und das ist genau das Verhalten, auf das der Trainer gewartet hat.

Sagt er nun das Signalwort „Gib Laut" und belohnt den „Kläffer" mit dem Spielzeug, begreift der Hund schnell. Einfach einige Male wiederholen, und schon beantwortet der Vierbeiner das Signalwort „Gib Laut".

Wo ist der Floh?

Um Kratzen auf Kommando zu provozieren, nimmt der Trainer einen Stroh- oder Grashalm und kitzelt den Hund. Die meisten Hunde reagieren hierauf sofort mit Kratzen. Es gilt nur herauszufinden, an welcher Stelle der Vierbeiner am kitzligsten ist. Sobald sich der Hund mit der Pfote kratzt, ertönt das Signal „Wo ist der Floh?". Und natürlich gibt es eine Belohnung. Mit ausreichend vielen Wiederholungen und attraktiven Bestärkungen wird diese Übung schnell zu einer der leichtesten für den Hund.

Schütteln

Ganz ähnlich funktioniert das Kopfschütteln auf Kommando. Viele Hunde schütteln sofort den Kopf, wenn man sie anbläst. Einfach einmal ausprobieren, ob das funktioniert. Klappt es, wird das Kopfschütteln mit einem Signalwort verknüpft und durch eine Belohnung verstärkt. Auch hierbei gilt: Je öfter der Hund das Training wiederholt, umso zuverlässiger verläuft der Trick. Alternativ kann man den Hund auch am Ohr kitzeln. Das löst bei den meisten Vierbeinern Kopfschütteln aus. Das ist ganz wunderbar denn schon ist der erste Grundstein für den Trick „Schütteln" gelegt.

WICHTIG

Bitte nur auf Frauchens Wunsch
Eine Bestärkung gibt es nur, wenn das Bellen aufgrund des Signals erfolgt. Bellt der Hund ohne Aufforderung, sollte man das ignorieren und nicht belohnen, sonst hat man schnell einen nervenden Kläffer.

Aktivität
und
Passivität

Trickdogging hat viel mit Action zu tun. Logisch, schließlich sollen Kunststücke mit Hund ja auch unterhalten und vor allem Spaß machen. Hohe Sprünge, rasante Reaktionen und blitzschnelles Herumrollen sind nur einige Beispiele aus dem vielseitigen Trick-Dogs-Repertoire. Doch wer genauer hinsieht, bemerkt schnell: Ein echter Trick Dog muss auch Ruhe bewahren können.

Hunde bringen von Natur aus ein weites Repertoire an Aktivität und Passivität mit. Sie tollen gern ausgelassen herum, können aber auch konzentriert abwarten und regungslos verharren. Beste Voraussetzungen für ein erfolgreiches Tricktraining. Der Hundeführer muss sich nur bewusst machen, dass er die Möglichkeit hat, beide Verhaltensweisen gezielt zu bestärken.

Für die langsamen Momente im Leben

Das ist doch selbstverständlich? Von wegen. Viele Hundebesitzer
sind vor allem auf Action fokussiert. Der Hund soll etwas machen,
nicht nur einfach so dasitzen. Durch dieses Fehldenken schleichen
sich schnell Tücken in das Training ein. Ein typisches Beispiel hierfür ist der „Schäm dich"-Trick. Viele Hunde lernen tatsächlich sehr
schnell, mit der Pfote über den Nasenrücken zu streichen. Doch die
wenigsten lassen die Pfote auch einige Sekunden lang darauf liegen.
Woran das liegt, ist dem Ausbilder in diesem Moment meistens gar
nicht klar. Die Lösung liegt auf der Hand: Sie haben immer nur den
aktiven Part bestärkt und den passiven vernachlässigt.

Expresshilfe: Ganz bewusst auch den kleinsten passiven Moment
erfassen und sofort bestärken. Das erfordert anfangs viel Geschick,
eine genaue Beobachtungsgabe und schnelle Reaktionen. Aber diese
Mühen zahlen sich aus.

Zeitlupen- und Zeitraffer-Tricks

Es gibt eine Vielzahl von Tricks, die ohne passives Verhalten gar nicht
funktionieren würden. Zum Beispiel das Winken, Männchen- oder
Frauchenmachen, das Kopf-Ablegen, Gegenstände mit dem Maul
festhalten, die „Aua-Pfote" und natürlich sämtliche Fotomotive.

Andere Tricks haben ihren Schwerpunkt auf der Aktivitätsbestär-
kung. Hierzu gehören: sämtliche Sprünge, langsames Anschleichen,
Nase putzen, Purzelbaum machen, an Gegenständen ziehen oder
Gegenstände schieben.

*Beim „Bussi-Trick" (links)
ist Passivität gefragt, während beim Sprung Aktivität
vorherrscht.*

Sprung auf
und
über Körperteile

Trickdogging ist ein Sport, bei dem Hund und Mensch ganz eng zusammenarbeiten. Mal ist die Nähe dank intensivem Distanztrainings rein geistiger Natur, mal sind sich beide tatsächlich körperlich ganz nah. Wie bei den Sprüngen auf und über Körperteile.

Eines vorab: Der Hund sollte ausgewachsen und gesund sein. Ansonsten könnte das Springtraining seine Gesundheit schädigen. Im Zweifelsfall sollte zuvor ein Tierarzt befragt werden, damit Risiken ausgeschlossen werden. Gibt der grünes Licht, steht dem luftigen Erlebnis nichts mehr im Weg.

Manche Hunde sind von Natur aus leidenschaftliche Springer. Mit ihnen machen Springübungen besonders viel Spaß. Andere bedürfen der Motivation, aber auch das ist für einen einfallsreichen Trickdogger kein Problem.

Nur mit Starterlaubnis

Doch ganz gleich, ob man ein bellendes Känguru oder eine träge Couch Potatoe sein Eigen nennt – der Hund darf nie unkontrolliert springen, sondern immer nur auf Kommando. Macht er sich selbstständig, bricht der Trainer die Übung ab. Warum? Weil erfolgreiches Trickdogging jede Menge Disziplin erfordert. Außerdem besteht bei unkontrollierten Sprüngen akute Verletzungsgefahr: für Hund und Trainer.

Ab durch die Mitte

Das Training beginnt mit einem Sprung durch einen Reifen. Hierfür eignet sich ein Gymnastikreifen

aus Kunststoff. Der Ausbilder hält den Reifen zuerst auf Bodenhöhe, während der Hund das Hörzeichen „Sitz und Bleib" befolgt und seitlich vom Hundeführer wartet. Dann ermuntert man den Hund mit einem Leckerchen oder einem Spielzeug dazu, den Reifen zu durchqueren. Wiederholen Sie es mehrmals und halten dann den Reifen schrittweise immer höher. Irgendwann ist der Reifen so hoch, dass der Hund hindurchspringen muss. Jetzt ist es besonders wichtig, vor dem Sprungkommando ein stabiles „Sitz und Bleib" zu fordern. Verläuft alles wie gewünscht, verdient der Hund eine ganz besondere Belohnung. Falls es Probleme gibt, hilft folgende Vorübung: Der Hund sollte über eine Hürde springen und auf der anderen Seite „Sitz und Bleib" zeigen können. Anschließend ruft ihn der Hundeführer wieder zu sich.

Pech gehabt

Bei Schwierigkeiten stellt sich eine Hilfsperson auf die andere Seite des Sprungs. Sie verhindert, dass der Hund seine Bestärkung bekommt, ohne zuvor auf das Sprungkommando gewartet zu haben. Sie kann beispielsweise auf das Spielzeug treten, damit der Hund es nicht erreicht.

Durch die Arme, durch das Bein

Sobald Hürden- und Reifensprung auch in größeren Höhen tadellos funktionieren, umfasst der Trainer den Reifen immer enger mit den Armen, bis sie ihn schließlich fast ganz umschließen. Später wird gar kein Reifen mehr genommen, die Arme bilden den Kreis. Nach wie vor mit einer Bestärkung auf der anderen Seite arbeiten.

Ganz ähnlich funktioniert der Sprung über ein abgewinkeltes Bein. Einfach den Reifen vor die vom Bein gebildete Öffnung halten und ihn dann schrittweise aus dem Geschehen nehmen.

Mit verlängertem Arm

Für den Sprung über die Arme verwendet man eine Agilitystange und setzt sie als Armverlängerung ein. Läuft der Hund trotz Verlängerung vorbei, arbeiten Sie einfach an der Wand. Nach und nach wird die Stange verkürzt und verschwindet hinter dem Rücken, bis ihre Länge genau der des Arms entspricht. Springt der Hund nun darüber, braucht man keine Hilfsstange mehr.

TIPP

Klein anfangen

Wählen Sie anfangs einen flachen Sprung. Die Höhe wird mit der Zeit erschwert. Der Hund sollte sich sowohl vom Hundeführer weg als auch zu ihm hin über die Hürde bewegen. Hierbei helfen Boden-Targets, Leckerchen und Spielzeuge, die der Trainer auf der anderen Seite der Hürde platziert. Auch bei dieser Übung ist immer auf ein korrektes „Sitz und Bleib" zu achten und natürlich auf die exakte Befolgung des Sprungkommandos.

Gegenstände umrunden und ziehen

Es ist beeindruckend, wenn ein Hund scheinbar von selbst eine Schublade öffnet und sich darin versteckt. Oder auf einem Tisch sitzt und einen Korb hochzieht. Diese Tricks sind ein Kinderspiel, wenn zuvor das richtige Basistraining erfolgte.

Das Umrunden von Gegenständen ist ein wichtiger Bestandteil vieler verschiedener Tricks. Und natürlich sollte das Ganze links- und auch rechtsherum funktionieren. Für das „Zirkeltraining" eignen sich die unterschiedlichsten Objekte. Kostengünstig und leicht zu transportieren sind Pylonen oder Stühle. Außerdem empfiehlt sich der Gebrauch eines Touch-Targets. Mehr braucht man nicht.

Wegweiser Touch-Target

Nun zum praktischen Teil. Der Trainer motiviert den Hund, dem Target zu folgen. Dabei nähert er sich dem Objekt, das es zu umrunden gilt. Nun führt er das Touch-Target um den Gegenstand und – wenn die Vorarbeit gut verlaufen ist –, folgt der Hund dem Target anstandslos. Ist das nicht der Fall, wird das Basis-Target-Training aufgefrischt.

Folgt der Hund dem Target, gibt es eine Bestärkung, kurz bevor er die Runde vollständig beendet hat. Danach sind mehrere Wiederholungen fällig, bis der Hund sicher versteht, was gefordert ist. Das Training konzentriert sich zuerst nur auf eine Richtung. Sobald die sitzt, kommt die andere Richtung dran. Die Vorgehensweise ist dieselbe. Das Target bleibt so lange im Spiel, bis der Hund ganz genau weiß, worum es geht. Danach baut man den Einsatz des Targets schrittweise ab und beginnt die Distanz zum Hund zu erhöhen. Schließlich soll er später auch Gegenstände umrunden, die weiter weg sind. Für den Trainingserfolg ist es sehr wichtig, langsam vorzugehen und stets darauf zu achten, dass der Hund nicht überfordert wird.

Mithilfe eines Spielzeugs geht das Öffnen einer Schublade kinderleicht.

Zieh nach Leibeskräften

Jetzt soll der Hund lernen, an einem Objekt zu ziehen. Sie haben Angst um Ihre Schnürsenkel und Gardinen? Das müssen Sie nicht, denn ein guter Trick Dog zieht nur auf Kommando. Der große Vorteil bei dieser Übung: Die meisten Hunde lieben Zerrspiele. Ein weiches Knotentau oder ein Strumpf sind bestens geeignet; harte Gegenstände sind weniger gut. Um aus dem zufälligen Spiel eine gezielte Angelegenheit zu machen, gibt man dem Hund ab sofort immer das Kommando „Zieh", wenn das Zerrspiel beginnt. So verknüpft er das Wortsignal mit der nun folgenden Aktion. Wichtig: Der Hund muss das Objekt sofort loslassen, wenn ihn der Trainer dazu auffordert. Als Nächstes lernt der Vierbeiner, das Spielzeug aus der Hand zu ziehen. Im nächsten Schritt befestigt der Ausbilder das Seil oder den Strumpf an einer Schublade oder an einem Türgriff. Sobald sich die Schublade oder die Türklinke ein bisschen bewegt, belohnt man den Hund, indem sofort ein neues Zerrspiel mit dem Ausbilder beginnt. Dann schrittweise steigern. Tür oder Schublade immer ein bisschen weiter aufziehen lassen.

Etwas stehend schieben

Normalerweise bewegen sich Hunde auf vier Beinen fort. Bei einem Trick Dog ist das allerdings nicht immer der Fall. Manchmal sieht man ihn auch, wie er auf den Hinterbeinen stehend kunterbunte Gefährte vor sich herschiebt.

Routinierte Trick Dogs schieben lässig Einkaufswagen vor sich her oder betätigen sich auch mal als Babysitter am Kinderwagen. Die Vorderpfoten liegen bei diesen Tricks genau dort, wo normalerweise die Hände ruhen. Die Hinterbeine laufen fleißig mit, wenn es vorwärtsgeht. Umso flüssiger der gesamte Bewegungsablauf ist, desto besser. Doch dieses Ziel lässt sich nur mithilfe eines schrittweise aufgebauten Trainings erarbeiten. Und so geht's:

An die Griffe ...

Als Erstes ermutigt der Ausbilder den Hund, an den Griff des Einkaufs- oder Kinderwagens zu springen. Das Gefährt darf sich in dieser Phase nicht bewegen. Also die Räder unbedingt mit dem Fuß blockieren. Zu frühes Losrollen könnte den Hund verunsichern. Momentan geht es darum, die Aktivität des Hundes zu bestärken. Doch das ist erst der Anfang. Im nächsten Schritt soll der Vierbeiner auch gezielte Passivität entwickeln. Im Klartext: Sobald der Hund auf Kommando freudig an den Griff springt, lernt er, dort eine Zeit lang zu verweilen. Die Räder des Gefährts blockiert der Trainer weiterhin mit dem Fuß. An die Bewegung geht es erst, wenn der Hund sicher und geduldig am Trainingsobjekt steht.

Erst muss die Pfote drauf. Der Trainer blockiert den Wagen dabei mit dem Fuß.

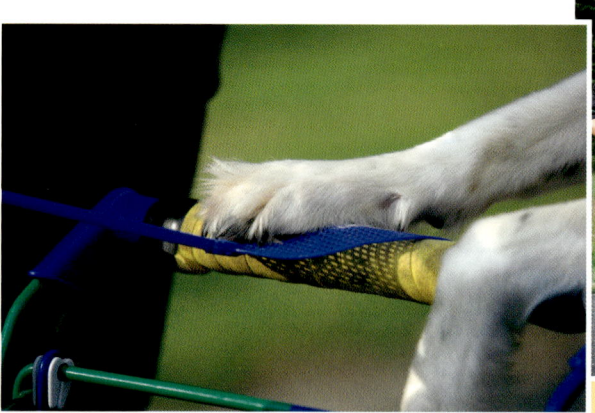

... fertig – los!

Auf das passive Verhalten folgt nun wieder ein aktives. Schließlich soll der Hund das Gefährt vor sich herschieben. Jetzt gehen Sie wieder ganz langsam und schrittweise vor. Der Trainer bewegt den Wagen einige Zentimeter weit, während der Hund mit den Vorderpfoten auf dem Griff steht. Erst nur ein bisschen und dann so weit, dass der Hund seine Hinterbeine bewegen muss. Bei den meisten klappt das wie von selbst, andere brauchen länger und bedürfen mehr Motivation. Ganz wichtig: Die Belohnung des Hundes muss genau im richtigen Moment erfolgen. Und zwar dann, wenn er sich vorwärtsbewegt. Ein korrektes Timing ist der Schlüssel zum Erfolg.

Langsam vorgehen

Manche Hunde lassen in dieser Phase die Griffe los und stehen wieder auf allen vieren. Das ist unerwünscht – also verhindern. Denn: Absteigen erfolgt nur nach Kommando. Um eigenständigem Absteigen vorzubeugen, sollte man den Hund natürlich nicht überfordern. Denn meistens bricht er die Übung ab, wenn es ihm zu viel ist. Am besten in Zentimeter- und Sekundenarbeit vorgehen, dann ist ein nachhaltiger Trainingserfolg am wahrscheinlichsten.

Ganz ruhig und voller Vertrauen wartet der Hund ab, was geschieht.

Große Hunde und kleine Wagen

Und es gibt noch zwei Voraussetzungen, die für diesen Trick wichtig sind: Gegenstände in stehender Position zu schieben, ist nur etwas für ausgewachsene Hunde. Denn die Körperposition, die hierbei erforderlich ist, kann für im Wachstum befindliche Vierbeiner unangenehm sein. Die Größe des Einkaufs- oder Kinderwagens muss zur Körpergröße des Hundes passen. Also am besten in der Spielwarenabteilung für Kinder suchen, wenn der Trick Dog nicht zufällig eine Deutsche Dogge oder ein Deerhound ist.

Maulwürfe & Schnappfische

Viele Tricks kann man durch ganz einfache Einstiegsübungen vorbereiten, die sich praktisch überall trainieren lassen. Zum Beispiel bei den täglichen Spaziergängen. Das Buddeln und auch das „nette Fass" gehören dazu.

V iele Hunde graben mit Begeisterung. Manche Rassen – vor allem Terrier – buddeln sogar für ihr Leben gern. Doch prinzipiell kann jeder Hund lernen, auf Signal in die Tiefen des Erdreichs vorzudringen. Und genau das machen sich Trick Dogger zunutze. Ihr Ziel ist es, den Hund auf Hörzeichen an einer bestimmten Stelle graben zu lassen, obwohl es dort eigentlich gar nichts Interessantes gibt. Doch wie motiviert man einen intelligenten Vierbeiner zu einer solch sinnlos anmutenden Aktion? Mit einem klassischen Welpenspiel.

Manchmal kann man den Hund zum Buddeln animieren, indem man mit der Hand im Gras raschelt.

Für Wühlmäuse und Caterpillar

Nehmen Sie eine Decke oder ein Kissen und locken Sie den Hund darauf. Verstecken Sie eine Hand darunter und kitzeln Sie Ihren Hund von unten. Die meisten Hunde kratzen nun an der Decke, um an die Hand zu gelangen. Dieses Verhalten bestärkt man sofort mit dem Signal „Buddel" oder „Wo ist das Mäuschen?". Sobald das gut klappt, kommt der Wechsel vom Welpenspiel zum anspruchsvolleren Übungsteil. Nun hält der Ausbilder die Hand über die Decke und motiviert den Hund mit dem zuvor eingeübten Signal zum Kratzen. Diese Phase erfordert manchmal ein hohes Motivationstalent und jede Menge Geduld. Je begeisterter der Ausbilder hierbei vorgeht, desto motivierter reagiert in der Regel auch der Hund. Sofort bestärken, wenn der Hund die ersten zaghaften Buddelversuche unternimmt. Dann schrittweise die Intensität des Buddelns steigern und schließlich nur noch bestärken, wenn der Hund wirklich ausgiebige Buddelaktivitäten zeigt. Das nächste Ziel lautet: Die Distanz zur Hand vergrößern, bis der Hund schließlich nur noch auf das Hörzeichen hin buddelt. Dieses neu gewonnene Know-how lässt sich nun auf viele verschiedene Situationen übertragen.

Für so eine spektakuläre Übung sollte der Hund das Kommando „Aus" beherrschen.

Das „Nette Fass"

Ein weiterer, unter Trickdoggern beliebter Einstiegstrick ist das „Nette Fass". Nein, das hat nichts mit hölzernen Weinfässern zu tun, sondern tatsächlich mit dem eher aus der Vielseitigkeitsarbeit stammenden Kommando „Fass". Nur wird bei den Trick Dogs natürlich nie böse gezwickt, sondern höchstens aus Spaß ganz liebevoll gezwackt. Um das „Nette Fass" zu erlernen, sollte der Hund bereits das Signal „Zieh" ausführen (S. 33). Dann motiviert der Trainer den Hund, am Hosenbein zu ziehen. Achtung: Unbedingt eine unempfindliche Trainingshose oder eine ausgediente Jeans tragen – bloß nicht den feinen Sonntagszwirn. Das Kommando „Fass" motiviert den Hund dazu, nach dem Hosenbein zu schnappen. Mit dem Kommando „Aus!" bringt man ihn zum Loslassen.

Herumrollen
und Zudecken

Eine solide Basisausbildung ist das A und O des Trickdogging. Das zeigen die beiden folgenden Tricks: das Herumrollen auf Signal und das Zudecken. Vertrauen spielt bei diesen Tricks auch eine große Rolle.

Um eine richtig schöne Rolle zu erlernen, braucht der Hund eine Grundvoraussetzung: Er sollte das Signal „Platz" sicher ausführen. Als nächstes bringt man ihn mithilfe eines Leckerchens in eine möglichst bequeme Position. Da jeder Hund – genau wie die meisten Menschen – eine Schokoladenseite hat, auf der er besonders gern liegt, ist die bequemste Position meistens schnell gefunden. Der Hund liegt nun ganz komfortabel in der „Platz"-Position, sein Hinterteil fällt zu einer Seite hin ab. Jetzt nimmt der Ausbilder das Leckerchen und bewegt es seitlich des Kopfes so, dass der Hund auf die Seite rollt. Das funktioniert? Dann ausgiebig bestärken und die Übung mehrmals wiederholen. Nun ist nicht nur die Rolle schon zum Greifen nah, sondern gleich auch noch ein zweiter Trick: das Totstellen. Denn wenn der Ausbilder den Kopf des Hundes nun mithilfe des Leckerchens zum Boden bewegt, stellt er sich bereits „tot".

Die Rolle setzt viel Vertrauen zum Trainer voraus.

Mit Schwung herum

Um den Hund zum Herumrollen zu motivieren, muss der Trainer das Leckerchen jedoch über den Kopf hinweg bewegen. Dann rollt der Hund über die Wirbelsäule auf die andere Seite. Ein gutes Vertrauensverhältnis zwischen Hund und Mensch ist allerdings Voraussetzung für das Gelingen dieses Tricks. Ohne Vertrauen geht meistens nichts. Der Hund wird sich weigern herumzurollen. Ist das der Fall, stehen in den nächsten Tagen und Wochen erst einmal Übungen auf dem Trainingsplan, die das Vertrauen stärken.

Rollen wie von Zauberhand

Sobald der Hund auf Signal hin herumrollt, ist das erste große Trainingsziel erreicht. Bis er tatsächlich auch ohne eine helfende Hand die Rolle zeigt, kann ganz schön viel Zeit vergehen. Doch es lohnt sich, Geduld zu haben, denn eine wie von Zauberhand ausgeführte Rolle ist ein eindrucksvoller Trick.

Deck dich zu!

Das gilt auch für das Zudecken auf Kommando. Grundvoraussetzungen sind ein solides „Platz", bei dem der Hund eine bequeme Position einnimmt, das Halten eines Gegenstands und das Ziehen an einem Objekt. Um das Zudecken zu trainieren, kann man den Hund in einen Korb legen und eine Decke über sein Hinterteil legen. Dann gibt der Trainer das Kommando zum Festhalten und Ziehen. Beim Ziehen werfen die meisten Hunde ihren Kopf automatisch in Richtung Körbchenboden, was dann so aussieht, als wollten sie sich zudecken.

Eine eindrucksvolle andere Alternative ist es, den Hund einfach auf eine Decke zu legen, ihn eine Ecke festhalten und eine Rolle machen zu lassen. Auch so deckt er sich zu. Diese Kombination ist ein gutes Beispiel für eine gelungene Basisausbildung. Je solider sie ist, umso mehr Trickdogging-Möglichkeiten eröffnen sich.

Hier werden „Platz", „Nimm", „Halt fest", „Zieh" und „Platz" miteinander kombiniert – fertig ist der Trick „Zudecken".

Verbeugen

Galant, galant – ein Hund, der sich verbeugt, erobert sofort alle Herzen, unabhängig davon, ob es sich um eine Lady oder einen kleinen Gentleman handelt. Für diesen Trick benötigt man nur einen Clicker, ein Leckerchen und etwas Geduld. Und schon ist der Vierbeiner parkettfein.

Eine Grundvoraussetzung für diesen Trick ist, dass der Hund auf Kommando ruhig stehen bleibt. Der Ausbilder steht vor ihm und führt ein Leckerchen in Richtung Boden. Fast so, wie man es beim Einüben des Kommandos „Platz" macht. Doch es gibt einen Unterschied: Die Bewegung des Leckerchens erfolgt nicht nach vorn wie beim „Platz", sondern eher nach hinten, in Richtung Hundekörper. Die meisten Hunde verstehen schnell, worauf es ankommt. Sobald der Hund die gewünschte Position einnimmt, gibt es sofort ein Leckerchen.

2. Variante – Morgen-Stretching

Und dann kommt der Clicker ins Spiel. Die nächste Trainingsphase besteht darin, den Hund genau zu beobachten und den Clicker einzusetzen, sobald der Vierbeiner zufällig das erwünschte Verhalten zeigt. Doch wann verbeugt sich ein Hund? Zum Beispiel morgens nach dem Aufwachen. Dann reckt und streckt er sich. Dehnt seine Vorderbeine lang nach vorn und hebt das Hinterteil – bei abgesenkter Brust – hoch in die Luft. Perfekte Voraussetzungen für die spätere Verbeugung. Sobald er das macht, ertönt der Clicker und es gibt ein Leckerchen.

Das Hörzeichen

Nun ist der Zeitpunkt gekommen, ein bestimmtes Signal mit diesem Verhalten zu verknüpfen. Es ist gleich, ob das „Diener", „Verbeugung" oder „Gentle" lautet. Hauptsache, man bleibt zukünftig bei der gewählten Variante. Der Hund wird schnell begreifen, dass es sich lohnt, die Brust zu senken und den Po in die Luft zu recken.

Variante 3

Verbeugen erlernt der Hund aber auch über einen anderen Trainingsweg, falls er mit dem beschriebenen System nicht zurechtkommt. So kann sich der Ausbilder auf ein Bein knien und den Hund mithilfe eines Leckerchens unter das aufgestellte Bein locken. Sobald die gewünschte Position erreicht ist, gibt es das Leckerchen.

Hintern in die Höh

Bei allen Varianten ist es wichtig, nie zu belohnen, wenn sich das Hinterteil des Hundes gerade absenkt. Das passiert schnell und durch Unachtsamkeit schleichen sich Fehler ein. Da es oft recht lange dauert, diese Fehler wieder auszubügeln, sollten Sie von Anfang an aufpassen. Der Hund soll im Anschluss immer aufstehen, damit das Hinterteil erst gar nicht zu Boden sinkt.

Profi-Tricks
ohne Requisite

ZEIG, WAS DU KANNST
Wenn Ihr Hund schon viele Basics beherrscht, können Sie
sich auch an schwierigere Tricks heranwagen. Hier finden
Sie viele ohne Requisite, aber mit jeder Menge Spaß! Also
auf geht's, probieren Sie es einfach aus!

Spanischer Schritt

Reiter kennen ihn zur Genüge und auch Trickdogger haben ihre helle Freude daran: Der Spanische Schritt sieht nämlich ganz schön erhaben aus. In dieser Gangart schreitet der Hund majestätisch vorwärts, indem er abwechselnd beide Vorderbeine hoch in die Luft streckt. Und so geht's!

Step 1 – Hau drauf!

Es gibt eine wichtige Voraussetzung für den Spanischen Schritt. Der Hund sollte auf Handzeichen beide Pfoten geben (S. 16-17). Das klappt noch nicht? Dann einfach ein Leckerchen in der rechten Hand verstecken und es erst freigeben, wenn der Hund seine linke Pfote darauflegt. Rechte Faust – mit der linken Pfote draufhauen – schon gibt es ein Leckerchen ... Diese Verknüpfung ist schnell erlernt. Dann wiederholt man die Übung mit der linken Hand und der rechten Pfote. So lange, bis der Hund sicher zwischen rechts und links unterscheidet. Der erste Übungsschritt kann noch in einer sitzenden Position erfolgen. Alles Weitere erfolgt aus dem Stand.

Step 2 – Pfote heben auf Distanz

Als Nächstes gilt es, die Distanz zwischen Hund und Mensch zu erhöhen. Der Hund lernt, dass es auch ein Leckerchen gibt, wenn er nur die Pfote hebt und die Hand des Ausbilders dabei gar nicht berührt. Der schöne Nebeneffekt: Jetzt kann der Hund schon winken – auch ein lustiger Trick.

Step 3 – ... Und Bewegung

Da der Spanische Schritt actionreich ist, muss jetzt Bewegung in die Übung. Bislang stand der Hund ja nur an einer Stelle und bewegte ausschließlich die Vorderbeine. Jetzt soll er sich dabei auch noch vorwärtsbewegen. Dieser Prozess bedarf eines ganz behutsamen Aufbaus, damit der Spanische Schritt auch schön ausdrucksvoll bleibt. Der Hund sollte die Pfote unbedingt einen Moment lang in der Luft stehen lassen, bevor er vorwärtsschreitet. Doch wie erklärt man ihm das? Einfach, indem man einen Zeitpunkt abwartet, in dem der Vierbeiner seine Pfote zufällig länger hochhält. Und dann sofort ausgiebig bestärkt. Halbherzige Versuche, bei denen der Hund die Pfote nur wenig hebt, bringen keine Belohnung. Hunde finden schnell heraus, welche Bemühungen sich lohnen und welche nicht.

Step 4 – Spanischer Schritt für Zweibeiner

Ganz nach Belieben kann der Trainer nun auch seine eigenen Beine mit ins Spiel bringen. Handzeichen geben und gleichzeitig das passende Bein heben. Jetzt ist es wichtig, die Handzeichen allmählich zu reduzieren. Einfach immer kleinere Gesten machen, bis sie kaum noch zu sehen sind. Mit der Zeit übernehmen die sich abwechselnd hebenden Beine des Ausbilders und die Rückwärtsbewegung die Signalwirkung.

Breakdance

Breakdance hat auf den ersten Blick vielleicht nicht viel mit Hunden zu tun. Auf den zweiten aber schon, denn dieser Trick basiert tatsächlich auf dem natürlichen Verhaltensrepertoire des Hundes. Er lernt, sich auf den Rücken zu rollen und sich dabei um die eigene Achse zu drehen. Das Ziel erreicht man in folgenden Schritten.

Step 1 – „Peng"

Der Ausbilder bringt den Hund mit dem Signal „Peng" dazu, sich auf den Rücken zu legen und die Beine nach oben zu strecken (siehe Kasten).

Step 2 – Kopf wackeln

Nun nimmt der Trainer einen Target-Stick oder ein Leckerchen zu Hilfe und motiviert den Hund dazu, seinen Kopf mit oder gegen den Uhrzeigersinn zu bewegen. In dieser Phase reicht es, wenn der Hund seinen Kopf dazu ausstreckt.

Step 3 – Reaktionsschnell belohnen

Jetzt heißt es: genau hinsehen und blitzschnell reagieren. Denn schon der kleinste Ansatz des Hundes, sich mit seinem Kopf dem Target-Stick oder dem Leckerchen anzunähern, wird belohnt.

Step 4 – Dreh dich

Mit zunehmendem Erfolg steigt auch die Anforderung. Mit der Zeit muss sich der Hund immer ein Stück weiter drehen, um eine Belohnung einzuheimsen. Jetzt kann es passieren, dass der Hund einfach aufsteht, was keinesfalls bestärkt werden darf. Es sollte nicht der Eindruck entstehen, Aufstehen könnte zum Erfolg führen. Belohnungen gibt es nur, wenn sich der Hund auf dem Rücken liegend bewegt.

Step 5 – Beinarbeit

Früher oder später beginnt der Hund, seine Hinterbeine zum Abstoßen einzusetzen. Auch hier belohnt der Trainer jeden noch so kleinen Ansatz sofort. Denn die Bewegungen der Hinterbeine sind ein wichtiger Bestandteil des fertigen Breakdance-Tricks.

Step 6 – Breakdance, nicht nur für Hip-Hopper

Nach und nach erhöht der Trainer die Anforderungen. Belohnungen gibt es nur noch nach einem überaus aktiven Einsatz. Das lässt sich immer weiter steigern, bis hin zum perfekten Breakdance am Boden. Der wirkt natürlich noch eindrucksvoller, wenn der Hund sich auf das Kommando „Break" hinwirft und zuckend über den Boden robbt. Deshalb wird der Einsatz von Target-Stick und Hand nach und nach reduziert und auf ein reines Stimmkommando übertragen.

„PENG!"

Das Signal „Peng" entspricht dem Kommando „Tot" (siehe auch S. 49). Hierbei lernt der Hund mithilfe eines Leckerchens oder Spielzeugs, sich mit Kopf und Körper regungslos auf die Seite zu legen.

und Tot, ganz tot
verletzt davonschleppen

Obwohl dieser Trick sehr effektvoll ist und bei Zuschauern fröhliches Schmunzeln auslöst, erweist er sich als verblüffend einfach. Vom Trainingsablauf entspricht er weitgehend den Übungen für „Sitz", „Platz" oder „Steh", die dem Hund bereits vertraut sind. Und so lernt ein angehender Trick Dog „Tot!" und „Ganz tot!" oder schleppt sich „schwer verletzt" davon.

Step 1 „Tot" – Belohnung für bequemes Liegen

Der Trainer bringt den Hund in eine bequeme „Platz"-Position. Dann animiert er den Hund mit einem in der verschlossenen Hand versteckten Leckerchen dazu, den Kopf zur Seite zu nehmen. Außerdem soll er seine Nase zum Brustkorb führen. Dabei rutscht das Hinterteil des Hundes ganz automatisch zur Seite. Jetzt ist Zeit für eine ausgiebige Belohnung, um das gezeigte Verhalten zu verstärken.

Step 2 „Tot" – Auf die Seite

Sobald Step 1 sicher funktioniert, erhöht der Ausbilder den Anspruch. Er führt das Leckerchen nun weiter über den Rücken des Hundes, bis sich der Hund auf die Seite legen muss, um es zu erreichen. Dieses Verhalten verdient wieder eine ausgiebige Belohnung und bedarf mehrerer Wiederholungen.

Step 3 „Tot" – Flach wie eine Flunder

Als Nächstes lernt der Hund, den Kopf seitlich abzulegen. Um das zu erreichen, führt der Trainer das Leckerchen am bereits seitlich liegenden Hund nach unten. Sobald der Kopf des Hundes den Boden berührt, öffnet sich die Hand und es gibt ein Leckerchen.

Step 4 „Tot" – Signal einführen

Nach mehreren erfolgreichen Wiederholungen erfolgt die Einführung des Signals „Tot". Der Ausbilder sagt „Tot" und lockt den sitzenden Hund gleichzeitig mit dem Leckerchen in eine seitlich liegende Position mit abgelegtem Kopf.

Step 5 „Tot" – Im Stehen „gestorben"

Im nächsten Schritt wird der Hund aus einer stehenden Position in die Seitenlage gelockt. Die meisten Hunde erlernen diesen Trick ebenso schnell und leicht wie „Platz". Einfach immer wieder geduldig wiederholen, bis die Übung sitzt.

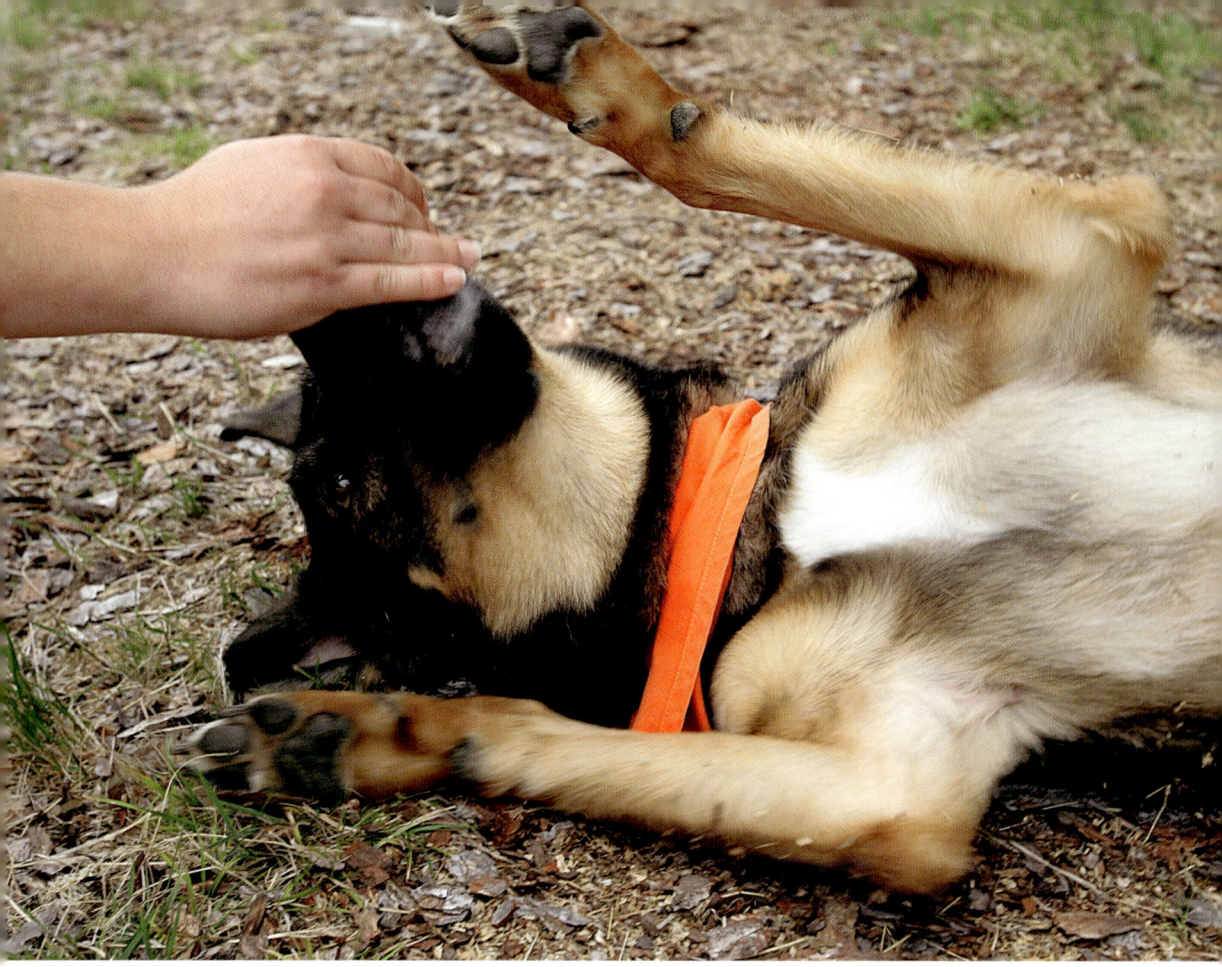

Step 6 „Ganz tot" – Mausetot?

Beim Trickdogging gibt es nicht nur das Kommando „Tot", sondern auch „Ganz tot". Die sichere Ausführung des Tricks „Tot" ist eine Voraussetzung hierfür. Das Training beginnt in der „Tot"-Position. Der Hund liegt regungslos auf der Seite, mit abgelegtem Kopf. Nun bewegt der Trainer das Leckerchen so, dass sich der Hund ganz auf den Rücken dreht und alle Beine in die Höhe streckt. Rollen ist hierbei unerwünscht. Momentan steht das Fördern der Passivität auf dem Programm. Der Hund soll regungslos auf dem Rücken liegen. Ein Clicker ist hierbei sehr hilfreich.

Step 7 „Ganz tot" – Gleichgewichtsprobleme?

Es gibt Gleichgewichtsprobleme? Dann den Hund ruhig ein wenig an einer Pfote abstützen, bis er die optimale Lage findet. Sollten etwaige Probleme jedoch darin begründet liegen, dass der Hund keine Freude an diesem Trick hat, besser eine andere Übung machen. Denn nur ein motivierter Hund ist auch ein guter Trick Dog. Manche lieben das Kommando „Ganz tot", andere mögen es überhaupt nicht.

Step 8 „Verletzt davonschleppen" – Angeschossen

Aus der „Tot"-Position lässt sich ein weiterer pfiffiger Trick entwickeln, der in Krimiserien sehr gefragt ist: Der Hund ist verletzt und schleppt sich mit letzter Kraft dahin. Natürlich ist das nur Spaß, sieht aber richtig echt aus. Alles beginnt in der „Tot"-Position. Nun benötigt der Trainer beide Hände: eine, die das Leckerchen hält, die andere schwebt über der Schulter des Hundes. Mit dem Leckerchen lockt man den Hund wahlweise nach vorn oder nach hinten. Die Hand über der Schulter verhindert ein Aufstehen des Hundes. Springt er trotzdem auf, einfach wieder hinlegen und von vorn beginnen.

Step 9 „Verletzt davonschleppen" – Weggeschleppt

Wenn alles sicher funktioniert, erfolgt die Einführung des Hörzeichens. Das kann ein ganz beliebiges Kommando sein, muss aber zukünftig immer dasselbe bleiben. Dann entfernt der Trainer Hand und Leckerchen schrittweise immer weiter vom Hund, bis er schließlich sofort reagiert, sobald er das Signal hört.

Tipp

Futter oder Spielzeug

Anstelle des Leckerchens kann man auch ein Spielzeug verwenden – je nachdem, ob der Hund eher futter- oder spieltriebgesteuert ist.

Purzelbaum

Manche nennen es Kusselkopf, andere Purzelbaum. Gemeint ist eine Vorwärtsrolle, die natürlich noch viel spektakulärer wirkt, wenn sich ein Hund kopfüber in das akrobatische Wagnis stürzt. Dass er dafür erst mal seine eigene Rute fangen können muss, ist ein bislang wohl gehütetes Trick-Dog-Geheimnis.

Step 1 – Für Sportliche und Unerschrockene
Der Purzelbaum ist der ideale Trick für sportliche, gelenkige und unerschrockene Vierbeiner. Eine hohe Motivation ist ebenfalls von Vorteil, wenn es im ersten Schritt darum geht, die eigene Rute zu fangen.

Step 2 – Pack den Schwanz
Der Hund steht vor dem Ausbilder und wird mit dem Signal „Pack" oder „Fass" aufgefordert, die eigene Rute zu fangen. Die Hand des

Trainers weist hierbei die Richtung. Anfangs belohnt er jeden noch so kleinen Ansatz. Es reicht schon, wenn der Hund seinen Kopf minimal in Richtung Rute bewegt. Nach und nach verlangt man eine immer engere Annäherung, bis schließlich das Maul des Hundes die Rute berührt. Jetzt ist ein Jackpot – die tollste aller Belohnungen – fällig. Dann weiterüben, bis richtig viel Schwung und Dynamik in den Ablauf kommen. Denn Schwung ist für einen Purzelbaum unerlässlich.

Step 3 – Ganz schön knifflig

Nun wird das Ganze aus der „Platz"-Position heraus geübt. Lassen Sie den Hund „Platz" machen und fordern ihn auf, die eigene Rute zu fangen. Doch das ist im Liegen ganz schön schwierig. Im Stand lässt sich das mit einer kreisförmigen Bewegung lösen, doch das geht nicht, wenn der Hund liegt. Der schwungvolle Versuch, die Rute zu erwischen, gipfelt nun in einer Rolle über die Schulter. Und das ist der nächste wichtige Schritt zum perfekten Purzelbaum.

Step 4 – Ein bisschen stützen

Manche Hunde fallen bei der Rolle über die Schulter anfangs zur Seite. Einfach ein bisschen seitlich abstützen, dann finden sie über kurz oder lang von selbst ein besseres Gleichgewicht.

Ohren
zuhalten

„Auweia!" – Das ist ein Trick, bei dem sich wohl niemand das Schmunzeln verkneifen kann. Ein Hund, der sich die Ohren zuhält? Das sieht man selten. Bei überzeugten Trick-doggern gehört der überaus sympathische Trick jedoch längst zum festen Repertoire.

Step 1 – Trick auf Männchen-Basis

Es gibt eine wichtige Grundvoraussetzung für diesen Trick: Der Hund sollte bereits zuverlässig das Kommando „Männchen" beherrschen. Ist das nicht der Fall, unbedingt erst gründlich an diesem Trainingselement arbeiten, bevor weitere Schritte hinzukommen.

Step 2 – Pfoten hoch!

Der nächste Schritt besteht darin, dem Hund beizubringen, aus der „Männchen"-Position heraus die Vorderbeine anzuheben und nach oben zu bewegen. Das funktioniert gut mithilfe eines Step-Targets. Zuerst reicht es, wenn der Hund die Beine aus einer sitzenden Position heraus anhebt.

Step 3 – Langsam immer höher

Später lernt er das auch aus der aufrechten „Männchen"-Position heraus. Dazu fordert der Ausbilder den Hund auf, Männchen zu machen. Danach motiviert er ihn, die Pfoten anzuheben. Erst ein kleines bisschen, dann schrittweise immer höher. Wie schnell das geht, hängt von der Motivation und Beweglichkeit des Hundes ab.

Step 4 – Belohnen nicht vergessen

Es ist sehr wichtig, den Hund bei jedem noch so kleinen Fortschritt positiv zu bestärken. Das kann mit einem Clicker erfolgen, mit einem verbalen Lob oder einem Leckerchen.

Step 5 – Bei den Ohren angekommen

Mit der Zeit fühlt sich der Hund in der „Männchen"-Position immer wohler und sicherer. Es fällt ihm zusehends leichter, die Pfoten richtig weit nach oben zu strecken. Irgendwann ist der Punkt erreicht, an dem es aussieht, als würde sich der Hund mit den Vorderbeinen die Ohren zuhalten. Jetzt ist es Zeit für einen Jackpot – die ganz dicke Belohnung für das Erreichen des Lernziels.

Step 6 – „Auweia!"

Erfolgte die Aufforderung zum Pfotenheben anfangs per Target-Stick und später per Handzeichen, führt der Trainer nun ein Stimmkommando ein. Lustig ist „Auweia!", aber natürlich funktionieren auch neutralere Kommandos wie „Hoch".

Pfote
abwinkeln

Dieser Trick fällt den meisten Hunden recht leicht. Kein Wunder, schließlich verlangt er keine ungewöhnlichen Posen, sondern basiert auf dem natürlichen Verhaltensrepertoire des Hundes. Das Ziel ist, dass der Hund auf Kommando seine Vorderpfote ein- und ausklappt. Und zwar aus einer liegenden Position heraus.

Step 1 – Kalte Pfoten?

Viele Hunde klappen ihre Vorderpfote in verschiedenen Situationen ganz von allein ein. Zum Beispiel dann, wenn ihnen kalt ist. Ist das der Fall, kann man sich das gleich zunutze machen. Sobald der Hund dieses Verhalten zeigt, erfolgt eine Bestärkung, beispielsweise mit dem Clicker.

Step 2 – Füße kitzeln

Sollte der Hund das Pfoteeinknicken nur selten anbieten, lässt sich das auch provozieren. Zum Beispiel, indem man ihm an der Vorderpfote kitzelt, wenn er liegt. Anschließend wird der kleinste Ansatz belohnt. Manchmal klappt es auch, wenn man ein Leckerchen auf der Pfote platziert, das er aber nicht nehmen darf.

Step 3 – Das passende Signal

Als Nächstes erfolgt die Einführung der Hörzeichen. Zum Beispiel „Log in" und „Raus damit". Oder eben etwas anderes, nur zukünftig immer bei einmal gewählten Signalen bleiben. Das Signal erfolgt immer dann, wenn der Hund die Pfote einknickt. Anschließend gibt es eine Bestärkung.

Step 4 – Reicht das Hörzeichen schon?

Nun fordert der Trainer den Hund mit dem Kommando „Log in"
auf, die Pfote einzuknicken. Vielleicht verknüpft der Hund das
Kommando bereits mit dem gewünschten Verhalten. Erfolgt keine
Reaktion, muss man dem Hund vorerst noch durch Kitzeln weiter-
helfen und es später wieder ohne versuchen.

Step 5 – Länger eingeklappt

Der nächste Trainingsabschnitt besteht darin, das Einklappen der
Pfote intensiver und länger zu gestalten. Die Bestärkung erfolgt nun
jedes Mal etwas später, bis der Hund die
Vorderpfote so stark wie möglich an-
winkelt und in dieser Position ver-
harrt. Klappt das, kommt der zweite
Teil der Übung: das Ausklappen auf
Kommando.

Step 6 – Mit Pfötchen-Bonus

Hier ist es von Vorteil, wenn der
Hund bereits das Pfötchengeben
beherrscht. Dann folgendermaßen vorgehen: Fordern Sie
den Hund mit Hörzeichen zum
Einklappen der Pfote auf. Aus
dieser Position motivieren Sie ihn
zum Pfötchengeben. Anschließend
soll er die Pfote wieder einklappen.
Wiederholen Sie es mehrmals.

Step 7 – Ganz ohne Hilfe

Sobald dieser Ablauf gut klappt,
beginnt der Ausbilder, seine Hand
schrittweise aus dem Geschehen
zurückzuziehen. Und zwar genau
dann, wenn er den Hund zum
Pfötchengeben auffordert. Nun
erfolgt die Bestätigung, sobald die
Vorderpfote den Boden berührt.
Mit der Zeit baut der Trainer alle
sichtbaren Hilfen ab und der Hund
bewegt seine Pfote fast wie von
Zauberhand.

Pfote vor? Kein Problem ...
und dann wieder zurück!

Humpeln

Auch dieser Trick gehört zum festen Repertoire jedes gut gebuchten Filmhundes. Denn Humpeln auf Kommando ist und bleibt gefragt. Das Kunststück basiert auf dem Pfötchengeben und wird schrittweise bis hin zum Humpeln gesteigert. Gleichgewicht und Koordinationsvermögen sind gefragt.

Step 1 – Grundvoraussetzung Pfötchen geben

Als Voraussetzung für diesen Trick sollte der Hund das Pfötchengeben beherrschen. Klappt das noch nicht reibungslos, einfach in aller Ruhe trainieren. Mit einem Clicker und einer Tasche voller Leckerchen funktioniert es meistens schon bald wunderbar. So geht's: Der Hund ist im „Sitz", während Sie ihn mit einer Hand zum Vorderpfoteheben motivieren. Der kleinste Ansatz wird bestärkt. Hebt er die Pfote nicht, können Sie anfangs etwas nachhelfen.

Step 2 – Ohne direkte Berührung

Sobald das Pfötchengeben gut klappt, beginnt der Trainer, seine Hand nach und nach zurückzuziehen. Der Hund soll die Pfote auch auf Kommando heben, wenn das Sichtzeichen (die Hand des Trainers) nicht unmittelbar vor ihm, sondern in einiger Entfernung erfolgt. Das ist ganz wichtig für das spätere Humpeln.

Step 3 – Pfote vor

Am Anfang streckt der Trainer dem Hund die Hand noch helfend entgegen, sobald sich das Pfötchen hebt. Dann geht er dazu über, den Hund zu weiterem Vorgreifen zu motivieren, indem er die Hand zurücknimmt und erst eine Bestärkung gibt, wenn der Hund sich weit nach vorn reckt.

Step 4 – Mit erhobener Pfote laufen

Nun rückt der Trainer noch ein Stück weiter vom Hund weg, fordert ihn zum Pfötchengeben auf und motiviert ihn, dabei einen Schritt nach vorn zu machen. Anfangs reicht ein winzig kleiner Schritt. Doch nach und nach erhöht sich die Distanz, damit der Hund lernt, mit erhobener Pfote mehrere Schritte zu wagen. Wichtig: Setzt er die Pfote zwischendrin ab, wird die Übung abgebrochen. Beginnen Sie ohne Bestärkung nochmals von vorn.

Step 5 – Auf drei Beinen

Humpeln erfordert eine gute Koordination. Deshalb müssen einige Hunde recht lang üben, bevor sie es tatsächlich schaffen, mehrere Meter weit auf drei Beinen zu überwinden. Der Gleichgewichtssinn wird hierbei übrigens extrem geschult, was dem Hund wiederum in vielen anderen Situationen zugute kommt.

Tipp

Nachgeholfen

Wenn das Humpeln nicht auf Anhieb klappt, einfach ein bisschen Klebeband unter die Pfote heften.

Beine kreuzen

Dieser Trick erinnert ein bisschen an Charlie Chaplins charmante Slapstick-Einlagen und macht jede Menge Spaß. Vor allem dann, wenn Hund und Trainer nebeneinanderstehend gleichzeitig die Beine kreuzen. Hunde mit langen Beinen sind bei diesem Trick übrigens ganz klar im Vorteil.

Step 1 – Rechte Hand, linkes Bein – linke Hand, rechtes Bein

Bevor es ans Beinekreuzen geht, sollte das Pfötchengeben auf Kommando richtig sitzen. Und zwar sowohl mit dem linken als auch mit dem rechten Vorderbein. Das trainiert man am besten aus der „Sitz"-Position heraus. Die rechte Trainerhand motiviert das linke Vorderbein, die linke Hand das rechte Bein. Bei Erfolg bestärken.

Step 2 – Pfötchen geben und Platz

Sobald das Pfötchengeben aus der sitzenden Position heraus problemlos klappt, fordert der Trainer den Hund mit dem Kommando „Platz" zum Liegen auf. Das sollte tadellos funktionieren, bevor die nächsten Trainingsschritte erfolgen.

Step 3 – Pfoten kreuzen im Liegen

Jetzt soll der Hund aus dem Liegen heraus auf Kommando die rechte und die linke Vorderpfote heben. Dabei kommt es früher oder später meistens ganz automatisch zu einer zufälligen Überkreuzung. Jetzt bestärken Sie sofort und wiederholen den Ablauf. Die meisten Hunde lernen sehr schnell, dass das Kreuzen der Pfoten eine Belohnung bringt. Klappt das nicht, helfen Sie anfangs einfach mit einer Hand nach.

Step 4 – Über Kreuz stehen

Nun soll der Hund das Ganze auch im Stehen ausführen. Der Trainer steht ihm gegenüber und fordert ihn zum Pfötchengeben auf. Die Bestärkung erfolgt erst, wenn das eine Vorderbein das andere kreuzt und dabei den Boden berührt.

Step 5 – Übung ausdehnen

Diese Übung bedarf zahlreicher Wiederholungen. Anfangs reicht es, wenn der Hund nur wenige Sekunden lang in der gewünschten Position verharrt. Nach und nach verlängert sich der Zeitraum zwischen Kommando und Bestärkung.

Step 6 – Und ab ins Platz

Zum krönenden Abschluss kann man mit dem Hund auch üben, sich aus einer stehenden Position mit gekreuzten Beinen in die „Platz"-Position zu begeben.

Headbanging

Man muss kein Hardrock-Fan sein, um diesen Trick zu lieben. Ein Hund, der wie ein langhaariger Headbanger seinen Kopf von rechts nach links schleudert und sich gemeinsam mit seinem Trainer im Rhythmus der Musik wiegt, versetzt jeden Zuschauer in Begeisterung.

Step 1 – Schön brav „Sitz" mit Haargummi

Das Kommando „Sitz" bildet die Grundlage, denn diese Übung startet mit einem brav sitzenden Hund. Was man außer einem gut erzogenen Vierbeiner noch braucht, ist ein Haargummi, das relativ locker sitzt, wenn man es dem Hund um den Fang legt. Es sollte jedoch auch nicht so locker sein, dass es sofort abfällt.

Step 2 – Zaghaftes Nicken

Die meisten Hunde versuchen, das am Fang sitzende Haargummi instinktiv mit einer Pfote abzustreichen. Dabei senken sie ganz automatisch den Kopf, was mit etwas Fantasie schon aussieht, als würde der Hund nicken. Und genau das nutzen Trickdogger gezielt.

Step 3 – Shake it, Baby!

Jetzt ist es an der Zeit, das Kommando „Shake" einzuführen. Und zwar genau dann, wenn der Hund gerade seinen Kopf senkt. Um das Ganze zu bestärken, erfolgt ein Click und es gibt ein Leckerchen.

Step 4 – Noch ein bisschen mit dem Kopf nicken

Dieser Ablauf bedarf einiger Wiederholungen. Und es geht erst weiter, wenn der Hund auch wirklich verstanden hat, dass es einen Zusammenhang zwischen der Nickbewegung, dem Kommando „Shake" und der anschließenden Bestärkung gibt.

Step 5 – Im Rhythmus „bangen"

Nun nimmt der Trainer das Haargummi ab und versucht, den Hund mit dem antrainierten Kommando „Shake" dazu zu motivieren, mit dem Kopf zu nicken. Der kleinste Ansatz wird belohnt. Mit fortschreitendem Training erfolgt die Bestärkung nur noch dann, wenn der Hund nickt und dabei nicht mehr mit der Pfote die Nase berührt. Das Ziel ist, dass sich Hund und Trainer gegenüberstehen und gleichzeitig im Rhythmus der Musik mit den Köpfen wippen – so wie es sich für echte Headbanger gehört.

Schminkkurs

Lippenstift? Klar doch! Schließlich muss man als Hundebesitzerin kein Modemuffel sein. Und wenn es dann noch der eigene Hund ist, der als Kosmetik-experte überzeugt, macht das Ganze gleich doppelt Spaß. Allerdings nehmen es Hunde mit den Lippen-konturen ihres Frauchens nicht ganz so genau.

Step 1 – Lipgloss für verführerische Lippen

Besorgen Sie zuerst einen Lippenstift. Nach Möglichkeit kein Superluxusmodell, das unnötig den Geldbeutel strapaziert, son-dern eher eine günstige Variante. Karnevals- und Kinderschmink-abteilungen bieten meistens eine gute Auswahl. Der Lippenstift darf eine Plastikhülle haben und sollte nicht zu dünn sein, damit ihn der Hund besser halten kann (S. 19).

Step 2 – Für perfekten Halt

Nun lernt der Hund, den Stift zwischen den Zähnen zu halten. Anfangs mit Unterstützung der Trainerhand. Dann auch selbst-ständig. Beim kleinsten Erfolg bestärken Sie den Hund. Wenn es nicht klappt, einfach weiterüben. Die Dauer des Haltens nach und nach erhöhen. Unbedingt darauf achten, dass der Lippenstift zwi-schen den Schneidezähnen des Hundes liegt. Im Backenzahnbereich findet er keinen besonders stabilen Halt. Und der ist wichtig, wenn es später ans Schminken geht.

Step 3 – Nase an Nase

Als nächstes nähert der Ausbilder sein Gesicht dem Hund an. Sobald der Lippenstift das Gesicht berührt, erfolgt eine Bestärkung. Danach gilt es, dem Hund zu vermitteln, dass er den Lippenstift an das Gesicht des Ausbilders führen soll. Sobald er den Stift minimal annähert, bestärken und wiederholen, bis der Hund verstanden hat.

Step 4 – Geduld für Styling-Azubis

Als Nächstes kombiniert man die beiden Elemente „Stift halten" und die „Annäherung" miteinander. Gleichzeitig wird das Kommando „Paint" eingeführt. Hier ist etwas Geduld gefragt, denn anfangs fällt der Lippenstift vermutlich oft zu Boden. Einfach weiterüben und zwischendurch jeden Erfolg belohnen. Die Dauer der Übung schrittweise erhöhen.

Step 5 – Make-up-Feinschliff

Sobald der Hund den Lippenstift stabil festhält und damit das Gesicht des Trainers berührt, beginnt die Feinarbeit. Der Hund soll jetzt die Lippen des Ausbilders treffen, schließlich gehört der Lippenstift genau dahin. Mithelfen ist natürlich erlaubt. Also den Mund nicht wegdrehen, sondern zum Lippenstift hin ausrichten. Übrigens: Das Schwierigste ist, bei diesem Trick herzhaftes Lachen zu unterdrücken. Passiert das doch, schminkt der Hund die Zähne eben gleich mit.

Striptease

Ein Butler ist zu kostspielig? Warum nicht den Hund zum aufmerksamen Handlanger ausbilden, der einem aus dem Mantel hilft? Das geht durchaus, nur sollte man vielleicht ein robustes Modell wählen, das hilfsbereiten Hundezähnen standhält.

Step 1 – Harmloses Vorgeplänkel

Für diesen Trick gibt es einige Grundvoraussetzungen. Der Hund sollte das Kommando „Zieh" (S. 33) mit dem Menschen kennen, zuverlässigen Apport beherrschen und Gegenstände halten.

Step 2 – Zerrspiel mit Socke

Der nächste Schritt entwickelt sich wieder aus einem Zerrspiel. Dieses Mal nimmt der Trainer eine alte Socke und fordert den Hund mit dem Kommando „Zieh" dazu auf, daran zu zerren. Sobald der Hund daran zieht, gibt es eine Belohnung. Super für den Hund, das ist fast wie Ostern und Weihnachten zusammen.

Step 3 – Geh mir an die Wäsche, Kleiner!

Jetzt zieht der Trainer die Socke über seine Hand. Alternativ kann
er auch einen alten Handschuh nehmen. Nun reizt er den Hund
mit dem Kleidungsstück, um seine Lust auf ein Zerrspielchen zu
entfachen. Anschließend erteilt der Trainer das Kommando und gibt
das Kleidungsstück zum Ziehen frei. Anfangs erfolgt die Bestärkung
sofort, sobald der Hund die Socke oder den Handschuh ins Maul
nimmt. Später erst dann, wenn er auch daran zieht.

Step 4 – Erst die Socke

Der Trainer zieht die Socke nun über den Fuß – allerdings nicht ganz,
sondern nur vorn über die Zehen. Dann wiederholt er den gesamten
Übungsablauf nochmals. Nach und nach zieht der Ausbilder die
Socke weiter über den Fuß. Jetzt unbedingt darauf achten, dass der
Hund niemals den Fuß mit den Zähnen berührt. Eine Belohnung
erfolgt nur, wenn er gezielt die Socke packt und daran zieht. Das
steigert man immer weiter, bis die Socke richtig am Fuß sitzt.

Step 6 – But you can leave your Hat on ...

Dieser Trick kann auf alle möglichen anderen Kleidungsstücke aus-
gedehnt werden. Zum Beispiel das Oberteil eines Jogginganzugs –
am besten mit Reißverschluss. Der Hund lernt nun – genau wie zuvor mit der Socke – den Reißverschluss zu packen und aufzuzerren.
Danach trainiert man ihn auf das untere Ende des Ärmels. Und
schon entwickelt sich der Vierbeiner zu einem praktischen Helfer
mit Butlerqualitäten.

Hinterbein heben

Nein, hier geht es nicht um Pipimachen auf Kommando, sondern um einen vielseitig nutzbaren Trick. Der Hund lernt, ein Hinterbein gezielt an einem bestimmten Gegenstand zu heben. Mit etwas Fantasie lassen sich hiermit durchaus witzige Posen inszenieren.

Step 1 – Ein bisschen ärgern

Der Trainer steht vor oder neben dem Hund. Dann berührt er mit einer Hand eine der beiden Hinterpfoten. Immer wieder stupsen, bis der Hund die Pfote hebt. Jetzt gibt es sofort eine Bestärkung. Sollte der Hund nicht reagieren, kann man seine Hinterpfote auch kitzeln. Die meisten Hunde heben dann sofort die Pfote, was der Trainer umgehend belohnt.

Step 2 – Beinchen geben ...

Als Nächstes lernt der Hund, die Hand des Ausbilders mit der Hinterpfote zu berühren. Schwierig? Warum? Beim Pfötchengeben klappt das ja schließlich auch. Mithilfe eines Hand-Targets ist das schnell erlernt. Der Trainer hält die Hand in die Nähe der Hinterpfote und beobachtet, ob der Hund von selbst die Initiative ergreift. Der kleinste Versuch verdient eine Belohnung. Passiert von selbst nichts, motiviert man den Hund weiter mit der Hand. Zusätzlich erfolgt die Einführung des Kommandos „Beinchen". Belohnungen gibt es jetzt nur noch, wenn der Hund die Trainerhand bewusst berührt.

Step 3 – ... Beinchen heben

Die seitlich nach unten gehaltene Hand des Trainers ist auch bei den nächsten Trainingsschritten das Target, an dem sich der Hund orientieren soll. Sobald er gelernt hat, sie auf Kommando zu berühren, bereichern verschiedene Gegenstände den weiteren Ablauf. Anfangs einfache Objekte wie einen stabil stehenden Papierkorb verwenden. Nun die Hand an den Gegenstand halten und das Kommando zum Beinchen heben geben. Sofort bestärken, wenn es klappt.

Step 4 – Ohne Hände!

Damit der Trick eindrucksvoller wird, muss die Hand des Trainers allmählich aus dem Ablauf verschwinden. Ihre Einsatzzeiten verkürzen sich. Nur noch schnell an den Gegenstand legen und dann wieder wegnehmen. Nun trifft der Hund mit der Pfote den Gegenstand – sofort bestärken.

Step 5 – Bein heben an Gegenständen

Jetzt lernt der Hund, zu einem bestimmten Gegenstand hinzulaufen und das Bein daran zu heben. Dieser Ablauf lässt sich gut mit einem Boden-Target erarbeiten. Das Target liegt anfangs unter dem Gegenstand. Der Trainer schickt den Hund zum Target und signalisiert ihm mit einem ausgestreckten Arm und entsprechendem Kommando, dass er den Gegenstand mit dem Hinterbein berühren soll. Schon kleinste Fortschritte sofort belohnen. Sobald das klappt, ergänzt der Trainer den Trick durch verschiedene Gegenstände.

Schnürsenkel aufziehen

Sie sind abends zu müde, um sich die Schuhe auf-zumachen? Oder Ihnen schmerzt der Rücken, wenn Sie sich bücken? Dann überlassen Sie diesen Job doch Ihrem Hund. Ihm macht es sicherlich Spaß, Ihre Schnürsenkel aufzuziehen. Vor allem, wenn es eine dicke Belohnung gibt.

Step 1 – Woran Hund überall ziehen kann

Dieser Trick ist ein typisches Beispiel für Kunststücke, bei denen der Hund an einem Gegenstand ziehen soll. Das kann eine Schranktür sein, ein gefesselter Mensch, den es zu befreien gilt, oder irgendein anderes Objekt. Lassen Sie Ihrer Fantasie freien Lauf.

Step 2 – „Zieh"

Alles beginnt mit dem gezielten Spieltrieb. Der Trainer motiviert den Hund dazu, an einem Tau oder einer Beißwurst zu ziehen. Gleichzeitig führt er ein Stimmkommando ein – zum Beispiel „Zieh". Anfangs erfolgt die Bestärkung, sobald der Hund den Gegenstand packt. Dann nur noch, wenn er am Objekt zieht. Klappt das gut, überträgt er das Verhalten auf andere Gegenstände wie Hosenbeine, Schrankschubladen, Jackenärmel oder Schnürsenkel.

Step 3 – Von Schnürsenkeln und Bindetechniken

Der Erfolg dieses Tricks hängt letztendlich auch vom Schuhwerk ab. Elegante Herrenhalbschuhe mit dünnen Schnürsenkeln sind weitaus weniger geeignet als robuste Turnschuhe mit breiten Schnürsenkeln. Da die Senkel bei häufigem Üben unter den Zähnen des Hundes leiden, erwerben Sie am besten gleich mehrere Sets günstiger Stoffschnürsenkel. Lederschnürsenkel sind ungeeignet, weil sie der Hund schnell durchkaut. Knoten Sie die Schnürsenkel nicht zu fest, sondern machen Sie lieber eine lockere Schleife.

Step 4 – Lieber echte Fesselspiele?

Die Schnürsenkel sind langweilig geworden? Dann kann der Fesseltrick für Abwechslung sorgen. Besorgen Sie ein zwei bis drei Zentimeter dickes Seil im Baumarkt. Damit fesseln Sie die Hände einer Hilfsperson auf dem Rücken. Am besten machen Sie eine einfache Schleife und lassen mindestens ein Seilende hinabhängen, damit es der Hund bequem packen kann. Dann erfolgt das Kommando „Zieh", und schon beginnt die Entfesslung. Das ist ein gutes Training, zumal sich der Hund nun etwas recken muss, um an die Fesseln zu gelangen. Kleine Hunde müssen sich sogar auf die Hinterbeine stellen. Anfangs erleichtert ihnen der Trainer die Entfesselung, indem sich der Gefangene hinhockt.

Schämen & Boomer

Eines vorweg: Parson Russell-Terrier Cyrano hat keinen Grund, sich zu schämen. Er macht es aber trotzdem gern. Seiner Besitzerin zuliebe, denn die ist Mitglied des Trick-Dogs-Teams Germany. Wie's funktioniert, zeigen die beiden in der folgenden Fotoserie, bei der es gleich um zwei Varianten des Tricks geht.

Step 1 – Störenfried an Hundenase

Ein Gummiband hilft beim Einstieg in diesen Trick. Einfach sanft über den Fang des Hundes ziehen, sodass es weit hinten sitzt. Cyrano fragt sich, was dieser Fremdkörper in seinem Gesicht soll, und überlegt. Marlene Kühn wartet ab. Sie ahnt, dass Cyrano plant, den Störenfried loszuwerden.

Step 2 – Nase putzen? Klappt nicht!

Cyrano versucht, das Gummiband loszuwerden. Und zwar mit der direktesten Methode: mit dem Fang über den Boden reiben. Als das nicht hilft, setzt der Rüde die Vorderpfote ein. Das muss doch klappen. Klappt aber nicht. Bis jetzt gab es auch noch keine Bestärkung durch den Clicker. Denn Schämen findet nicht auf dem Boden statt, sondern aufrecht und mit zum Fang geführten Vorderpfoten. Aber: Aus dieser Phase lässt sich ein zusätzlicher Trick entwickeln. Der Hund darf liegen bleiben und putzt sich auf Kommando die Nase.

Step 3 – Pfoteneinsatz

Nun versucht Cyrano sich im Sitzen zu behelfen. Vorderpfote hoch – bringt nichts –, aber plötzlich ertönt der Clicker. Und zwar genau in dem Moment, in dem Cyrano mit der Vorderpfote das Gummiband berührt. Das Ziel ist, dass er seine Pfote auf den Nasenrücken legt und so verharrt. Anfangs reichen wenige Sekunden.

Step 4 – Unterstützung mit dem Click

Der Clicker hilft, wenn ihn der Trainer exakt zeitgenau einsetzt. Sobald der Hund ansatzweise das erwünschte Verhalten zeigt, ertönt der Clicker und es gibt eine Belohnung.

Step 1 – „Boomer"

Cyrano soll jetzt einen anderen „Schäm-Trick" zeigen. Die Trainerin bringt Cyrano bei, auf Kommando mit beiden Vorderpfoten auf ihren Unterarm zu springen. Das ist schnell gelernt, mit einem Leckerbissen, den die Ausbilderin in Cyranos Sichtweite nach oben führt. Anfangs nur ganz kurz in der gewünschten Endposition verweilen. Dann schrittweise verlängern.

Step 2 – Kopf einziehen

Jetzt wird das Ganze kniffliger. Aber dank Leckerchen – kein Problem. Cyranos Pfoten verweilen auf dem Arm der Ausbilderin, allerdings muss er nun den Kopf senken und unter dem Arm hindurchschauen. Das Leckerchen gibt es ausschließlich unter dem Arm.
Das klappt sehr gut, und deshalb gibt es jetzt auch das Leckerchen. Natürlich ist bei diesem Trainingsabschnitt eine Bestätigung per Clicker möglich. Den Clicker dann einfach in der Hand halten, wo kein Leckerchen ist.

Step 3 – Schämen in allen Ecken

Cyrano soll das Gelernte nun auf eine neue Situation übertragen. Anstelle des Arms wartet jetzt ein kleiner Schrank auf den Hund. Der Terrier begreift und platziert die Vorderbeine auf der Oberfläche des Möbelstücks. Die Hand mit dem Leckerchen steuert die Kopfposition. Ansonsten greift dasselbe Prinzip wie vorher: Erwünschte Reaktion – Click – Belohnung.

Step 4 – Kleine Hilfestellung erlaubt

Missversteht der Hund, was man von ihm will, hilft dieser Zwischenschritt: Einfach den Arm auf dem Schrank platzieren. Den kennt der Hund von den ersten Übungsschritten her. Diesen Zwischenschritt mehrmals wiederholen und dann ohne Arm versuchen.

Profi-Tricks
mit Requisite

GENAU DAS RICHTIGE FÜR BASTELFREAKS
Was wären Lassie, Rex & Co. ohne Requisiten ...? Sie basteln gerne oder haben eine volle Garage? Sehr gut, dann wird Trickdogging noch bunter und turbulenter. Viel Spaß dabei!

Big Boss

Ein guter Trick Dog ist auch ein gutes Fotomodell. Er lernt, in den ungewöhnlichsten Positionen geduldig zu warten, bis der Fotograf sein Bild im Kasten hat. In der folgenden Bilderserie zeigen Simone Doepp und ihre Französische Bulldogge Spoon ein besonders anspruchsvolles Posing.

Step 1 – Sonnenbrille für hippe Hunde

Modellstehen will gelernt sein. Spoon beherrscht die Kommandos „Sitz" und „Platz", aber eine Sonnenbrille kennt er nicht. Also lässt ihn seine Ausbilderin „Platz" machen. Sie zeigt ihm die Sonnenbrille und stützt sein Kinn mit einer Hand ab, damit die Brille nicht hinunterfällt.

Step 2 – Gewöhnung für Brillenträger

Die Sonnenbrille sitzt. Spoon empfindet das Ganze als ungewöhnlich. Eigentlich würde er die Brille am liebsten abwerfen, aber das verhindert die Ausbilderin mit ihrer Hand. Nach nur wenigen Sekunden nimmt sie die Sonnenbrille ab. Spoon erhält eine Belohnung. Während der nächsten Tage erhöht sie schrittweise die Tragedauer.

Step 3 – Lob und gute Worte

Wichtig: Die Brille anfangs keinesfalls zu lange auflassen. Den Hund bei Misserfolgen nicht schimpfen. Fällt die Brille hinunter, nochmals aufziehen und kurz drauflassen. Bei Erfolg gleich clickern und belohnen.

Step 4 – Zigarren beschnuppern

Jetzt kommt die Papierzigarre dran. Und das ist eine Herausforderung, denn sie erfordert ein „weiches Maul". Spoon nimmt eine sitzende Position ein. Seine Trainerin hockt sich vor ihn und zeigt ihm die Zigarre. In dem Moment, in dem Spoon an der Attrappe schnuppert, clickert sie und gibt ihm ein Leckerchen. Es ist ratsam, diesen Ablauf erst mit einem stabileren Spielzeug zu üben.

Step 5 – Spitze abbeißen? Lieber nicht!

Spoon nimmt die Zigarre ins Maul. Sofort clickert Simone und belohnt die Bulldogge. Hätte Spoon zugeschnappt, wäre die Belohnung ausgefallen.

Step 6 – Lässig im Maulwinkel

Anfangs soll Spoon die Zigarre nur für eine Sekunde halten. Schrittweise erhöht die Ausbilderin die Zeit. Das Ganze lässt sich bis auf zehn Sekunden und mehr steigern (Nehmen und festhalten S. 18-19).

Step 7 – Cooler als Brad Pitt

Nun kombiniert die Ausbilderin die beiden Elemente „Sonnenbrille" und „Zigarre". Voraussetzung ist, dass der Hund beides einzeln akzeptiert. Und auch jetzt erfolgt das Training schrittweise: eine Sekunde Brille und Zigarre am Hund lassen – clickern – Leckerchen – Sachen abnehmen.

Step 8 – Schnelles Auto gefällig?

Simone Doepp macht die Bulldogge nun mit dem Spielzeugauto vertraut. Mithilfe eines Leckerchens lockt sie den Hund in die Nähe. Man kann auch Leckerchen ins Auto legen.

Step 9 – Näher angeschaut

Nun steht Spoon mit den Vorderpfoten auf dem Auto. Dafür gibt es ein Leckerchen. Wichtig ist, dass das Auto bei dieser Übung nicht kippt und den Hund erschreckt.

Step 10 – Nur mal reinsetzen?

Spoon folgt dem Leckerchen weiter über das Autodach. Auf der Laderampe geht es im Halbkreis herum, bis sich der Hund in der gewünschten Position befindet.

Step 11 – Heißer Schlitten

„Sitz und bleib" – jetzt zeigt sich, ob der Hund gehorcht. TIPP: Bevor es an ein Spielzeugauto oder einen Motorrad-Soziussitz geht, sollte der Hund üben, auf wackligen Gegenständen zu sitzen.

Step 12 – Ein ganzer Kerl!

Jetzt folgt der letzte Schritt: die Kombination von Sonnenbrille, Papierzigarre und Spielzeugauto. Auch in der letzten Phase des Trainings gilt: Erst nur eine Sekunde lang abwarten, dann clickern und belohnen. Die Dauer des Posings schrittweise erhöhen und den Hund nie überfordern.

Skateboard fahren

Hunde und Skateboards? Das passt doch nicht zusammen. Höchstens wenn man Trick Dog-Fan ist. Anika Püsche und Jack Russell-Hündin Alina haben jedenfalls großen Spaß mit dem Brett. In der folgenden Bilderserie zeigen die beiden, worauf es ankommt.

Step 1 – Erste Annäherung

Hier erfolgt die erste Annäherung an das Skateboard. Der fahrbare Untersatz steht so, dass er sich keinesfalls von selbst in Bewegung setzt. Zusätzlich stabilisiert Anika das Brett mit einer Hand. Alina lässt sich mit einem Leckerchen mit den Vorderpfoten auf das Board locken. Die Belohnung folgt sofort, mit Stimme und Leckerchen.

Step 2 – Mal draufstehen

Nachdem das funktioniert, lockt man den Hund mit allen vier Pfoten auf das Brett. Auch in dieser Phase ist es wichtig, dass sich das Skateboard wenig bewegt. Das verunsichert manche Hunde. Und hochschlagen sollte das Brett auch nicht. Um das zu vermeiden, achtet Anika von Anfang an darauf, dass Alina mittig aufsteigt.

Step 3 – Wacklige Angelegenheit

Es kann lange dauern, bis sich ein Hund auf ein Skateboard stellt. Klappt das, kommt allmählich Bewegung ins Spiel. Anika schiebt das Skateboard behutsam mit einer Hand an. In dieser Phase ist es gut, einen Helfer zu haben. Der kann sich vor dem Brett positionieren und den Hund mit Leckerchen davon abhalten, sich zu der Person umzudrehen, die das Brett schiebt. Es ist besser, wenn der Hund in Fahrtrichtung blickt. Auch für sein Gleichgewicht. Ganz wichtig: Das Brett in der ersten Zeit nur langsam anschieben, dann nach und nach die Geschwindigkeit erhöhen.

Step 4 – Sitz am Boden

Sobald der Hund selbstbewusst und ausbalanciert auf dem Board steht, während es der Trainer schiebt, geht es an die nächste Trainingsphase. Und die beginnt mit einem einfachen „Sitz und bleib".

Step 5 – Skateboard geparkt

Alina bleibt brav an der gewünschten Stelle sitzen, während sich ihre Besitzerin entfernt. Das Skateboard steht in einigen Metern Entfernung bereit. Und zwar so, dass es keinesfalls schnell losrollt.

Step 6 – Mit einem Satz aufs Brett

Jetzt lockt die Trainerin Alina mit Stimme und Leckerchen. Der Vierbeiner spurtet los und ahnt vermutlich schon, was man gleich von ihm erwartet. Bingo: Alina springt auf das Skateboard. Das bewegt sich zwar ein bisschen, aber nicht viel.

Step 7 – Anlauf und ...

Die Spannung steigt. Anika und Alina entfernen sich vom Board. Nun steht es so, dass es losrollen kann, nachdem der Vierbeiner aufgesprungen ist. Anika wird Alina in einiger Entfernung „Sitz" machen lassen und selbst wieder zurückgehen.

Step 8 – Schussfahrt!

Alina zögert nicht, als sie gerufen wird. Im Galopp geht es auf das Skateboard zu. Mit einem gezielten Satz mittig auf die Trittfläche, und schon kommen Hund und Board in Fahrt. Die Jack-Russell-Terrier-Hündin reckt keck das Hinterteil in die Höhe und streckt die Vorderbeine aus, um sich auszubalancieren.

Sprung
durch
Kartonwand

Dieser Trick ist filmreif und vermittelt jede Menge „Tatort-Flair": Ein Hund, der mit einem beherzten Satz durch eine meterhohe Kartonwand springt. Viel Übung und noch mehr Vertrauen sind erforderlich, damit der Vierbeiner den Sprung ins Ungewisse wagt.

Step 1 – Vorbereitungen

Was man für diesen Trick auf jeden Fall braucht, sind Pappkartons. Einfache Umzugskartons aus dem Baumarkt sind bestens geeignet. Als Erstes baut man die Kartonwand auf und macht den Hund mit dem Hindernis vertraut. Dann wird vor der Wand ein kleiner Agility-Sprung aufgebaut, den der Hund auf Kommando (zum Beispiel „Hopp") überwindet. Der Trainer bringt den Hund auf die Rückseite des Hindernisses und fordert ihn mit „Bleib" auf, dort zu warten. Währenddessen entfernt sich der Ausbilder und stellt sich einige Meter weit vor dem Hindernis auf. Dann ruft er den Hund.

Step 2 – Kleines Warm-up

Nun stehen zwei Umzugskisten unter dem Sprung. Dies ist ein wichtiger Schritt, um den Hund an den ungewohnten optischen Reiz zu gewöhnen. Noch liegt die Hindernisstange über den Kisten. Der Hund wird wieder mit „Bleib" hinter dem Hindernis platziert und anschließend mit „Hopp" dazu motiviert, hinüberzuspringen. Das hat geklappt? Prima. Loben Sie ihn und bestärken mit einem Leckerchen.

Step 3 – Kisten-Hindernis

Jetzt hat das Agility-Hindernis ausgedient. Vier Pappkartons bilden die Basis des neuen Sprungs. Obendrauf stehen zwei weitere Kisten, in deren Mitte so viel Platz ist, dass der Hund bequem hindurchspringen kann. Jetzt den gesamten Ablauf wiederholen, und zwar so lange, bis der Hund vertrauensvoll über die Kartons hinwegsetzt.

Step 4 – Schwebende Kartons ...

Der nächste Schritt erfordert etwas mehr Zeit, besonders wenn der Hund sensibel ist. Das Ziel ist, den Vierbeiner an fliegende Kartons zu gewöhnen. Denn wenn er später durch die Pappwand springt, werden ihm viele Kartons um die Ohren fliegen. Dabei soll er sich nicht erschrecken. Am besten üben Sie mit einer Hilfsperson, die neben dem Sprung steht und einen Karton in die Luft hält.

Step 5 – ... und fliegende Kisten

Sobald der Hund das Interesse an dem in die Luft gehaltenen Karton verliert, geht der Helfer dazu über, den Karton ein Stück weit zu werfen, wenn der Hund springt. Erst sollte der Karton recht weit vom Hund weg landen. Dann allmählich immer näher kommen. Diesen Schritt so lange üben, bis der Hund keine Unsicherheit mehr zeigt.

Step 6 – Immer enger werdende Lücken

Jetzt wird der Schlitz zwischen den Kartons schrittweise verkleinert. So weit, bis nur noch 50 Zentimeter Platz sind. Gleichzeitig bringt eine Hilfsperson die Kartons zu Fall, während der Hund springt. Zeigt der Hund keine Angst, verengt man den Schlitz weiter, sodass er die Kartons beim Sprung selbst hinunterwirft. In der letzten Phase des Trick-Trainings steht der Hund hinter einer meterhohen Wand, in deren Mitte ein winziger Schlitz als Orientierungspunkt dient. Er springt und schleudert die Kartons kreuz und quer durch die Luft.

Seilspringen

Wenn Mensch und Hund gemeinsam seilspringen, gebührt ihnen Respekt. Denn das ist anspruchsvoll. Nicht nur, dass beide gleichzeitig in die Luft hüpfen – der Vierbeiner darf auch nicht erschrecken, wenn hinter ihm ein Seilchen zischt.

Step 1 – Einstiegsübung „Sitz"

Caspar sitzt vor seiner Trainerin und wartet auf den Einsatz. Er hat zuvor gelernt, „Sitz" zu machen, und bereits Erfahrungen mit dem Clicker-Training gesammelt. In dieser Phase genügt ein Blick des Hundes auf die Hand der Ausbilderin, um den Click auszulösen. Und dann gibt es ein Leckerchen.

Step 2 – „Hopp" ganz ohne Seil

Nachdem Caspar den Zusammenhang zwischen „Sitz" und dem Betrachten der menschlichen Hand versteht, erfolgt der nächste Schritt. Die Trainerin fordert den Rüden mit einem aufmunternden „Hopp" zum Hochspringen auf. Da die meisten Hunde nicht einfach so in die Luft springen, nimmt man ein Leckerchen in die eine und den Clicker in die andere Hand. Der Vierbeiner soll wissen, dass er einen Snack erobern kann. Wichtig: Den Hund warm machen, bevor er richtig hoch springen darf.

Step 3 – Luftsprünge mit Mensch

Manche Hunde sind ausgesprochen futtergesteuert, bei anderen funktioniert eher der Spieltrieb. Dann nimmt man anstelle des Leckerchens ein Spielzeug in die Hand. Erst einmal hinunterbeugen und zeigen, danach aufrichten und „Hopp" sagen. Beim kleinsten Ansatz zum Hochspringen clickern. Anschließend darf der Hund mit dem Spielzeug herumtoben. Sobald er auf Kommando in die Luft springt, beginnt auch die Ausbilderin zu springen. Aber ganz langsam. Anfangs reicht es, auf den Fußspitzen auf und ab zu wippen. Dann langsam steigern.

Step 4 – Achtung, jetzt kommt das Seil!

Jetzt kommt das Seil ins Spiel. Die Ausbilderin hat sich ein mittel-
schweres Seil aus dem Baumarkt besorgt. Anfangs hält sie das Seil
nur in den Händen, bewegt es aber nicht beim Auf- und Abspringen.
Manche Hunde erschrecken sich vor dem Seil. Deshalb sollte man in
dieser Phase des Trainings behutsam vorgehen.

Step 5 – Seil in Bewegung

Um Caspar an die Bewegungen des Seils zu gewöhnen, verändert
die Ausbilderin die Position des Seilchens. Erst wird es hinter dem
Rücken angehoben, schließlich über den Kopf und dann langsam
hinter dem Hund zu Boden geführt. Das Seil sollte keinesfalls den
Hund treffen.

Step 6 – Gekonnter Hüpfer übers Seil – super!

Wenn alle Vorübungen funktionieren, geht es an den schwierigsten
Part. Jetzt erfolgt alles gleichzeitig: Hund und Mensch springen
auf Kommando parallel in die Luft, das Seilchen saust über die
Köpfe, kurz darauf unter Pfoten und Füßen hindurch. Hat das geklappt, wird sofort geclickert und es gibt ein Leckerchen oder das
Lieblingsspielzeug. Nach einem geglückten Versuch ist Schluss für
diesen Tag. Seilchenspringen ist eine schwierige Übung, die man
nicht überstrapazieren sollte.

Blumen
gießen

Gartenfreunde, aufgepasst! Echte Trickdogger kennen auch Kunststücke, die prächtigem Gartenschmuck zugute kommen. Das Blumengießen gehört dazu. Mit etwas Übung verwirklicht sich der Vierbeiner zukünftig begeistert im Garten und macht dabei eine bessere Figur als manch ein Gärtner.

Step 1 – Das Equipment: Gießkanne und Target

Bei diesem Trick lernt der Hund, eine Gießkanne aufzunehmen, diese zu einer bestimmten Markierung zu bringen, dort stehen zu bleiben und die Gießkanne weiter festzuhalten. Voraussetzung hierfür ist das Arbeiten mit einem Target. Der Hund sollte sich zu einem Boden-Target schicken lassen.

Step 2 – Am Henkel halten

Als Erstes lernt der Hund, den Henkel der Gießkanne in den Fang zu nehmen. Gehen Sie hierbei in ganz kleinen Schritten vor, denn die gestellte Aufgabe ist anspruchsvoll. Zuerst belohnt der Trainer bereits das Berühren der Gießkanne mit der Nase. Danach erfolgt die Bestärkung, sobald der Hund die Kanne kurz in den Fang nimmt. Nach und nach erhöht der Trainer die Dauer des Haltens.

Step 3 – Nimm die Kanne

Das nächste Ziel ist, dass der Hund die Gießkanne selbstständig
greift und festhält. Dazu stellt der Trainer die Kanne vor dem Hund
ab und fordert ihn auf, sie zu packen. Klappt das, erfolgt sofort eine
Bestätigung. Später soll der Hund die Kanne von selbst aufnehmen
und sie so lange festhalten, bis der Trainer das Kommando zum
Loslassen erteilt. Es ist hilfreich, ein zusätzliches Kommando für das
Festhalten einzuführen (S. 18-19).

Step 4 – Auf zum Blumentopf!

Nun lernt der Hund, die Kanne aufzunehmen und sich mit ihr zu
einem Boden-Target schicken zu lassen. Das kann beispielsweise
in Kombination mit einem Blumentopf sein. Dazu stellt der Trainer
den Blumentopf auf das Boden-Target. Die Gießkanne ist anfangs
nur ein kleines Stück weit entfernt. Jetzt erfolgt das Kommando zum
Aufnehmen der Gießkanne. Dann laufen Trainer und Hund gemeinsam zum Blumentopf.

Step 5 – Vierbeinige Hobbygärtner

Mit wachsendem Trainingserfolg läuft der Trainer immer weniger
mit. Stattdessen schickt er den Hund verstärkt zum Target und bleibt
selbst stehen. Das Ziel ist erreicht, sobald der Hund auf Kommando
die Gießkanne aufnimmt, sie zum Blumentopf bringt, dort stehen bleibt und die Kanne so lange hält, bis das Kommando zum
Auflösen des Tricks erfolgt. Man kann dem Hund noch beibringen,
mitsamt Kanne den Kopf zu senken, dann sieht es wirklich aus, als
würde er Blumen gießen.

Tipp

In Bewegung bleiben

*Bewegen Sie sich beim Training mit
dem Hund hin und her. So fällt es
vielen leichter, die Gießkanne zu
halten.*

Nichts für Flaschen

Ihr Hund apportiert gern und liebt knifflige Angelegenheiten? Dann könnte der Flaschentrick das Richtige für ihn sein. In der folgenden Bilderserie zeigt Berenike Schaak, wie sie ihrem Sammy dieses anspruchsvolle Kunststück beigebracht hat.

Step 1 – Für Freunde des Apports

Mischlingsrüde Sammy liebt den Apport. Es ist ihm ganz egal, ob er einen Dummy oder eine Plastikflasche im Fang hält. Doch bevor ein Hund eine Plastikflasche apportiert, sollte er gelernt haben, sie im Maul zu halten (S. 18-19).

Step 2 – Gewöhnung an die Flasche

Am Anfang hielt Berenike die Flasche einfach vor Sammys Gesicht. Als er sich annäherte, belohnte sie ihn. Danach gab es ein Leckerchen, sobald er mit seiner Nase die Flasche anstupste. Dieser Ablauf lässt sich gut mit dem Target-Stick vorbereiten.

Step 3 – Schräge Flaschen in der Kiste

Nun geht es darum, die Flasche in das dafür vorgesehene Fach zu manövrieren. Berenike hat den Flaschenkasten mit Folie präpariert, damit die Fächer höher sind. Doch wie kommt ein Hund auf die Idee, eine Flasche in den Kasten zu stellen? Natürlich nicht von selbst. Nachdem Sammy gelernt hatte, die Flasche zu halten, stellte Berenike die Flasche einfach schräg in den Kasten. Sobald er sie dort mit der Nase berührte, gab es ein Leckerchen.

Step 4 – Kleiner Zwischenschritt

Manche Hunde benötigen einen Zwischenschritt, um den Zusammenhang zu verstehen. Dann wird die Flasche erst neben den Kasten auf den Boden gelegt und jede Berührung belohnt. Erst wenn das klappt, folgt der nächste Schritt, bei dem die Flasche schräg im Kasten steht.

Step 5 – Ab in die Kiste!

Plumps! Die Flasche fällt in ihr Fach. Ein Aha-Erlebnis für Hund und Trainer, das für triumphale Freude, aber bei manchen Vierbeinern auch für Verunsicherung sorgt. Wenn der Hund erschreckt, wiederholt man diesen Trainingsabschnitt so lange, bis es alles mit einer positiven Erinnerung verbindet.

Müll einsortieren

Ordnung muss sein. Das findet auch Jack-Russell-Terrier-Hündin Alina. Sie sammelt herumliegende Papierkugeln auf und wirft sie in den Mülleimer. Wenn alles sauber ist, schließt sie pflichtbewusst den Deckel. Eine wahre Wunderwaffe gegen unaufgeräumte Büros.

Step 1 – Basis-Know-how für Hunde

Für diesen Trick sollte der Hund bereits die Basisübungen Apportieren, Aufräumen und Packen eines Gegenstands beherrschen (S. 21). Wenn all das zuverlässig funktioniert und der Trainer für ausreichend Papier und einen kleinen Mülleimer sorgt, steht der „Müllhund"-Karriere nichts mehr im Weg.

Step 2 – Überraschungsdeckel

Als erstes versteckt der Ausbilder ein Leckerchen unter dem Deckel des Mülleimers. Der Deckel befindet sich hierbei auf dem Boden. Deshalb ist es wichtig, ein Papierkorbmodell mit abnehmbarem Deckel zu wählen. Später überträgt der Hund das Gelernte und öffnet auch den auf dem Mülleimer befindlichen Deckel, weil er darunter ein Leckerchen vermutet.

Step 3 – Müll herbringen

Doch zuerst steht Müllapport auf dem Programm. Also, möglichst viele Papierkugeln formen und sich dann mitsamt Papiervorrat hinter den Mülleimer begeben. Es ist wichtig, dass der Hund auf den Mülleimer zuläuft, wenn er die Kugeln apportiert. Deshalb wirft der Trainer die Kugeln und hält die Hand, in die der Hund apportieren soll, genau über die Öffnung des Mülleimers. Den Deckel erst mal weglassen. Mit zunehmendem Lernerfolg entfernt der Trainer seine Hand weiter vom Mülleimer, bis der Hund das Papier in die Öffnung fallen lässt. Dann den Deckel aufsetzen und mit Deckel üben.

Step 4 – Jackpot für Müllhunde

Das Schließen des Deckels ist der krönende Abschluss dieses pfiffigen Tricks. Wenn der Hund zuvor das Packen eines Gegenstands ausgiebig geübt hat, dürfte dieser Schritt nicht schwerfallen. Kommando geben und anfangs schon die kleinsten Ansätze bestärken. Die meisten Hunde finden sehr schnell heraus, wie sich der Schiebedeckel am besten öffnet. Und für dieses Meisterstück gibt es natürlich einen Jackpot.

Tipp

Trainierte sind im Vorteil
Beim Deckelöffnen ist es hilfreich, wenn Ihr Hund bereits im Umgang mit Intelligenzspielzeug geschult ist.

Telefonieren

In Zeiten, in denen fast niemand auf ein Handy verzichten möchte, scheint es fast selbstverständlich, dass auch Hunde fit sind, wenn es um Telekommunikation geht. Schäferhund-Mix Sam ist es. Er hält souverän den Hörer und versucht sogar, zu wählen.

Step 1 – Den Hörer fest im Griff

Als erstes lernt Sam, den Telefonhörer im Fang zu halten. Das lässt sich prima mit anderen Gegenständen vorbereiten, zum Beispiel mit einem Dummy. Es ist ratsam, erst mit einem maulfreundlichen Objekt zu arbeiten und danach ein härteres Material zu wählen. Vielen Hunden ist es anfangs unangenehm, einen festen Gegenstand im Maul zu halten. Mit einer schrittweisen Gewöhnung ist diese Hürde jedoch schnell genommen.

Step 2 – Let's talk

Ein Clicker ist äußerst hilfreich bei diesem Trick. Anfangs reicht es, wenn der Hund den Telefonhörer nur wenige Sekunden lang im Maul hält. Dann clickert der Trainer und es gibt eine Belohnung. Nach und nach sollte der Hund den Hörer immer länger festhalten. Das ist auch der richtige Zeitpunkt, um ein Stimmkommando einzuführen, zum Beispiel „Talk" oder eben eine andere Variante, die man zukünftig beibehält.

Step 3 – Feinmotorik trainieren

Da zum Telefonieren mehr gehört, als nur den Hörer festzuhalten, soll Sam nun auch lernen, eine Pfote auf die Tasten zu legen. Wirklich wählen kann er damit natürlich nicht, aber zumindest sieht es so aus. Als Vorbereitung übt der Trainer mit dem Hund, eine Vorderpfote gezielt auf einen Gegenstand zu legen. Das klappt sehr gut mit einem Step-Target. Erst mit flachen, am Boden liegenden Gegenständen üben (S. 16). Dann allmählich kantigere Objekte wählen und mit der Zeit immer kleinere Gegenstände nehmen – das fördert die Präzisionsarbeit.

Step 4 – Nummer wählen

Zum Schluss legt der Trainer das Step-Target auf die Tastatur des Telefons und ein gut trainierter Hund wird nun sofort mit seiner Pfote folgen. Jetzt erfolgt eine Bestärkung. Mehrmals wiederholen, bis die Übung sicher funktioniert. Wichtig ist die Einführung eines zusätzlichen Stimmkommandos, zum Beispiel „Touch".

Step 5 – Ob Frauchen eine Flatrate hat?

Nun gilt es, beide Elemente des Kunststücks miteinander zu kombinieren: das Halten des Telefonhörers und das Auflegen der Vorderpfote. Am besten erst den Hörer ins Maul nehmen lassen („Talk") und dann mit „Touch" zum Auflegen der Pfote motivieren. Erst nur kurze Zeit in dieser Position verharren lassen. Dann den Zeitraum langsam ausdehnen.

Handstand

Hunde, die Handstand machen? Das geht! Eine gute Fitness und eine makellose Gesundheit des Hundes sind Voraussetzung für diesen Trick. Ganz frei muss der Handstand übrigens nicht sein. Es reicht, wenn der Hund seine Hinterbeine an einer Wand abstützt.

Step 1 – Rückwärts einparken

Auf Kommando rückwärtslaufen und sich hinstellen – das sollte der Hund können, bevor es an den Handstand-Trick geht. Eine sogenannte A-Wand, wie sie beim Agility Sport Verwendung findet, ist ideal für das Training und notfalls auch schnell selbst gebaut. Zum Üben eignen sich aber auch Treppenstufen, Mauern, Baumstämme oder sogar das heimische Sofa.

Step 2 – Mit der Hinterpfote auf die Rampe

Anfangs stellt der Trainer die A-Wand so flach wie möglich ein. Der Hund steht zwischen Trainer und Wand, den Blick zum Ausbilder gerichtet. Der schickt den Hund nun so lange rückwärts, bis er die Wand erreicht und eine Pfote daraufsetzt. Jetzt erfolgt sofort eine Bestärkung. Mehrmals wiederholen, bis der Hund ganz selbstverständlich rückwärts und auf die Wand läuft.

Step 3 – Wände hochlaufen

Bei den nächsten Trainingsschritten stellt der Trainer die A-Wand jedes Mal ein bisschen steiler ein. Vorsicht! Nicht zu schnell die Anforderungen hochschrauben, sondern immer schön schrittweise. Verweigert der Hund die Aufgabe, sollte man die Wand erst mal wieder flacher einstellen, bis das erforderliche Selbstbewusstsein da ist.

Step 4 – Signal einführen

Sobald der Hund auch bei extremer Steigung rückwärts mit den Hinterbeinen die Wand hinaufläuft, führt der Ausbilder das Kommando „Off" ein. Das erfolgt immer genau in dem Moment, in dem der Hund gerade dabei ist, seine Hinterbeine auf der Wand zu platzieren.

Step 5 – Handstand, ganz ohne Hilfe

Aus dieser Übung lässt sich sogar ein freier Handstand entwickeln. Um das zu erreichen, clickert der Trainer jedes Mal, wenn die Hinterbeine des Hundes noch in der Luft sind, aber noch nicht die Wand berühren. Das bedarf eines sehr guten Timings und auch sehr viel Übung. Alternativ kann man den Hund darauf trainieren, die Hinterbeine auf der Hand des Trainers zu platzieren. So kann man beim freien Handstand eine gute Hilfestellung geben.

Tipp

Handstandtraining

Geben Sie Ihrem Hund Zeit. Es dauert, bis sich Koordination und Muskulatur entwickelt haben.

Ab in die Schublade!

Dieser Trick ist ein Knaller. Das finden auch erfahrene Trickdogger, die schon jede Menge coole Kunststücke gesehen haben. Wen lässt es schon kalt, wenn ein Hund die Schublade eines Schranks öffnet, hineinspringt und die Schublade von innen wieder schließt!

Step 1 – Kleiderschrank, Schuhschrank, Hundeschrank?

Der Schubladentrick ist unaufwendig, zumindest was die Grundvoraussetzungen für den Hund betrifft. Allerdings erfordern die Requisiten eine gehörige Portion Know-how. Zum einen braucht man einen Schrank mit Schubladen. Der Schrank sollte so dimensioniert sein, dass er sich bequem transportieren lässt. Er muss aber auch groß genug sein, damit der Hund darin Platz findet. Die Schubladen sollten leichtgängig sein, also nicht klemmen.

Step 2 – Ein paar bauliche Veränderungen

Nun wird der Schrank raffiniert präpariert. Vorn am Schubladengriff wird ein Spielzeug befestigt, an dem der Hund beim Training zieht. Die Rückwand des Schranks wird ausgebaut, weil der Hund anfangs freie Sicht nach hinten braucht. Bewahren Sie die Einzelteile auf, sie werden nach und nach wieder am Schrank befestigt. Und auch im Innern des Schranks erfolgen Veränderungen:

Man befestigt ein nicht zu dünnes Seil, das von der rechten zur linken Seitenwand führt. Das umfasst der Hund später mit dem Fang, um sich mitsamt Schublade nach innen zu ziehen. Nun beklebt der Trainer den Schubladenboden mit einer rutschfesten Unterlage, damit der Hund sicheren Halt findet.

Step 3 – Sesam, öffne dich!
Jetzt kann es losgehen. Der Hund sollte das Kommando „Zieh" beherrschen. Schließlich muss er beim Schubladentrick gleich mehrmals an Gegenständen ziehen. Zuerst am präparierten Griff, anfangs durch ein angeknotetes Spielzeug vereinfacht, später am Griff selbst.

Step 4 – Mit einem Satz hinein
Sobald der Hund problemlos die Schublade öffnet, lernt er, auf Kommando hineinzuspringen. Das geht meistens sehr schnell mithilfe eines Leckerchens. Die rutschfeste Unterlage im Innern schafft Sicherheit und Vertrauen in einen beherzten Sprung.

Step 5 – Schublade zu, mit Sicht nach hinten
Bislang stand der Trainer seitlich vom Schrank. Nun begibt er sich dahinter, um den Hund durch die geöffnete Rückwand hindurch mit einem Leckerchen zu locken. Das Ziel ist, dass der Hund auf Kommando hin das Seil schnappt und daran zieht. Dadurch bewegt er sich mitsamt Schublade nach hinten. Anfangs bestärkt der Ausbilder jeden kleinen Fortschritt, später gibt es nur noch nach erfolgreichem Ziehen bis zum Anschlag eine Belohnung.

Step 6 – Rückwand schließen
Der Hund zieht sich mitsamt Schublade souverän in den Schrank? Dann geht man dazu über, die Rückwand des Schranks schrittweise zu schließen. Zum Schluss sollte nur noch ein ganz kleiner Spalt bleiben, durch den der Hund seine Belohnung erhält.

Der
Drahtseil-akt

Manche Hunde reagieren verunsichert auf schwierige Bodenverhältnisse. Andere trauen sich in ungewohnten Situationen wenig zu. All das kann die folgende Übung verbessern. Aber: Sie ist schwierig und kostet Zeit. Sissi Güntner und Scully zeigen, wie's geht.

Step 1 – Seiltanz mit der ersten Pfote

Grundvoraussetzungen für dieses Kunststück sind, dass der Hund Männchen macht und über schmale Gegenstände läuft. Als Nächstes hatte Scully Zeit, sich mit dem Hindernis vertraut zu machen. Danach lockt der Trainer den Hund aufs Podest. Von hier aus erfolgen die ersten Schritte auf dem Tau. Sissi Güntner lockt Scully mit einem Leckerchen und betätigt genau in dem Moment den Clicker, in dem der Terrier die erste Pfote auf das Seil setzt. Danach darf der Hund wieder zurück aufs Podest.

Step 2 – Wacklige Schritte

Scully ist motiviert. Sie lernt schnell, mit allen vier Pfoten das Tau zu überqueren. Um das zu erreichen, zieht ihre Besitzerin das Leckerchen von Übung zu Übung ein Stück weiter. So lange, bis auch das dritte und das vierte Bein auf dem Tau sind.

Step 3 – Männchen auf festem Untergrund

Jetzt stimmt sich Scully auf die zweite Übung ein. Sissi Güntner hat sie auf das Podest gelockt und fragt nun das Kommando „Männchen" ab. Das klappt, also clickt sie und gibt Scully ein Leckerchen.

Step 4 – Aufstieg von unten

Ganz schön knifflig: Scully soll mit den Vorderbeinen auf das Tau steigen. Sissi Güntner gibt das Kommando „Geh hoch" und clickert, sobald der Hund den ersten Ansatz zeigt. Der nächste Schritt ist das Aufsetzen einer Pfote bis hin zum Auffußen der zweiten Pfote.

Step 5 – Übung festigen

Schritt für Schritt hat Sissi Güntner das Aufsetzen der zweiten Pfote mithilfe des Clickers erarbeitet. Nun lässt sie Scully diesen Ablauf wiederholen, bis alles funktioniert. Und dann wird es richtig schwierig.

Step 6 – Und noch ein drittes Bein

Jetzt soll Scully das dritte Bein auf das Tau setzen. Eine wacklige Angelegenheit. Man kann anfangs auch mit einem Geschirr arbeiten, das man dem Hund umlegt. Damit lässt er sich leicht stabilisieren. Sobald Scully auch nur kurz das dritte Bein auf das Tau setzt, clickert ihre Besitzerin, und es gibt ein Leckerchen.

Step 7 – Ganz schön kippelig

Eine Meisterleistung! Scully hat auch das vierte Bein auf dem Tau platziert und ringt um ihr Gleichgewicht. Was anfangs noch etwas wacklig aussieht, wird mit zunehmender Übung ausbalancierter.

Step 8 – Ein Raunen geht durch die Menge

Jetzt soll Scully auf dem Tau Männchen machen. Dank der soliden Vorübungen hat die Hündin genügend Selbstvertrauen, um sich dieser Herausforderung zu stellen. Zuerst reicht es, wenn der Hund nur eine Pfote leicht anhebt. Sofort clickern und Leckerchen geben.

Tipp

Selbst gebaute Requisite

Das Gestell, dessen Podeste mit einem Tau verbunden sind, ist Marke Eigenbau: Einfach zwei „Dreibeine" aus dem Autohandel und ein Schiffstau aus dem Zoofachgeschäft besorgen. Dann schmale Metallstangen zum Verbinden der „Dreibeine" und zum Stabilisieren des Taus kaufen. Nun die Stützstangen mit den „Dreibeinen" verschweißen. Anschließend schiebt man eine Metallstange durch das Innere des Seils, damit es dem Gewicht des Hundes standhält. Auch dieses Element verschweißen. Zum Abschluss schraubt man zwei viereckige, mit rutschfestem Material bezogene Holzplatten auf die „Dreibeine". Die Höhe des Gestells hängt von der Größe des Hundes ab. Ideal ist es, wenn sich das Seil in etwa auf seiner Bauchhöhe befindet. Bei großen Hunden zwei Taue nebeneinander befestigen und sie verbinden. Das Gestell muss stabil stehen.

Sonnenblume halten

Über einen Hund, der mit einem Blumengruß vor der Haustür sitzt, dürfte sich wohl jedes Geburtstagskind freuen. Das ist keine Illusion, sondern ganz leicht zu lernen, wenn man die Tipps erfahrener Trickdogger befolgt. Altdeutsche Hütehündin Amy zeigt, wie's geht.

Step 1 – Sitz und Touch

Außer einer schönen künstlichen Sonnenblume gibt es zwei weitere Voraussetzungen für diesen Trick: Der Hund sollte auf Kommando sitzen („Sitz") und einen Target-Stick mit der Pfote berühren („Touch") (S. 16). Der Hund sitzt nun vor dem Trainer, der ihn dazu auffordert, den Target-Stick mit der Pfote zu berühren. Nach und nach verändert der Trainer die Position des Target-Sticks so, dass der Hund seine Pfote einknicken und dicht an den Körper halten muss, um den Stick zu treffen.

Step 2 – An eine Stange gewöhnen

Als Nächstes ersetzt der Ausbilder den Target-Stick durch eine Stange. Er gibt das Kommando „Touch" und belohnt den Hund, sobald die Pfote die Stange berührt. Weigert sich der Hund, die Stange zu berühren, einfach noch mal den Target-Stick hinzunehmen und an die Stange halten. Damit üben, dann das Target allmählich weglassen.

Step 3 – Die Stange fest in der Pfote

Nach und nach nähert der Trainer die Stange immer mehr an den Hundekörper an. Am besten positioniert man sie so, dass sie über die Brust am Hals vorbeiführt. Nun erfolgt das Kommando „Touch". Anfangs sollte man die Stange auf jeden Fall noch mit der Hand festhalten, damit der Hund nicht erschrickt, wenn sie plötzlich umfällt.

Step 4 – Festgehalten

Klappt alles nach Wunsch, lässt der Trainer die Stange nun immer etwas länger los. Bis sie der Hund schließlich ganz von allein festhält und – solange man möchte – in dieser Position verharrt.

Step 5 – Mit Blumen, bitte!

Jetzt darf die Stange durch schönere oder fantasievollere Objekte ersetzt werden. Ein Regenschirm oder eine Sonnenblume machen den Trick zu einem Augenschmaus.

Wie ein Fisch
an der Angel

Auf ein Hindernis springen, auf begrenztem Raum arbeiten, Maul- und Pfotenarbeit koordinieren ... Das folgende Kunststück hat es in sich. Doch Parson Russell Terrier Cyrano lässt sich nicht abschrecken. Mit Feuereifer stellt er sich der kniffligen Aufgabe.

Step 1 – Angel, Köder und andere Zutaten

Folgende Dinge braucht man für diesen Trick: einen stabilen Tisch, ein Tau mit Köder, einen Clicker und Leckerchen. Anfangs sollte man den Hund auf einen niedrigen Gegenstand platzieren. Erst auf einen höheren Tisch umsteigen, wenn der Hund versteht, worum es geht. Cyrano steht sicher auf der Tischplatte und beobachtet, wie seine Besitzerin ein Seil zurechtlegt. Am Ende des Mini-Taus baumelt ein Spielzeug. Als Köder sollte man etwas verwenden, das der Hund unbedingt haben möchte.

Step 2 – Seil hochziehen

Mit einem Handzeichen lenkt Cyranos Besitzerin die Aufmerksamkeit des Hundes auf das am Boden liegende Spielzeug. Der Terrier hat zuvor gelernt, ein Seil ins Maul zu nehmen und es festzuhalten. Um mithilfe des Seils an das Spielzeug zu kommen, muss Cyrano mehrfach nachgreifen und das Seil jedes Mal ein bisschen verkürzen. Eine Anforderung, bei der mit Pfotenpower nachgeholfen werden muss. Aber ob eine Pfote reicht?

Step 3 – Pfoten- und Mauleinsatz sind gefragt

Nein. Eine Pfote reicht nicht. Cyrano arbeitet parallel mit dem Maul und beiden Vorderpfoten am Seil, um das Spielzeug nach oben zu befördern. Er zieht das Seil mit dem Maul hoch und fixiert es mit einer Pfote. Dann greift er mit dem Maul nach, um die zusätzlichen Zentimeter gleich mithilfe der anderen Pfote zu sichern. Am Anfang schnappte sich Cyrano das Seil und lief damit rückwärts. Marlene setzte ihn dann auf eine Fensterbank, damit er nicht nach hinten ausweichen konnte. Das klappte! Das Trainingsziel erarbeitet man mithilfe eines Clickers. Zuerst muss der Hund lernen, an Ort und Stelle zu bleiben. Das klappt? Also clickern und ein Leckerchen geben. Danach clickern und belohnen, sobald der Hund das Seil ins Maul nimmt. Später wird geclickert, sobald der Hund die Pfoten zu Hilfe nimmt – und so weiter.

Step 4 – Manchmal klappt es nicht auf Anhieb

Immer wieder entgleitet das Seil beim Pfotenwechsel. Cyrano lässt seinem Temperament freien Lauf. Das Spielzeug wirbelt durch die Luft, doch das soll es nicht. Die Aufgabe besteht darin, es gleichmäßig nach oben zu bringen. Cyranos Besitzerin bringt Ruhe und Konzentration ins Geschehen, indem sie Cyranos Tatendrang unterbricht. Auf Kommando beginnt das Ganze von vorn.

Step 5 – Griffiger Untergrund

Cyrano stört sich nicht an der glatten Oberfläche des Tisches. Es gibt aber auch Hunde, die sich auf solchen Materialien unwohl fühlen. Hier sollte man auf Tische mit griffigerer Oberfläche ausweichen.

Step 6 – Zentimeter für Zentimeter Maßarbeit

Cyrano ist fast am Ziel. Das Spielzeug ist zum Greifen nah. Es erfordert eiserne Disziplin, nun nicht einfach zuzuschnappen und die Beute an Land zu ziehen. Auch bei den letzten Zentimetern soll der Terrier mit Maßarbeit vorgehen … Geschafft!

Wenn Zwerge zu Riesen werden

Wenn Stefanie Gerbracht „Mach Zwerg!" sagt,
wird die Altdeutsche Hütehündin Amy ganz groß.
Sie erhebt sich auf die Hinterbeine, und das nicht
am Boden, sondern auf den Füßen ihrer am Boden
liegenden Besitzerin.

Step 1 – Mit Netz und doppeltem Boden

Stefanie Gerbracht legt eine Matte aus, damit sich Amy nicht verletzt, falls sie fällt. In dieser Phase arbeitet die Trainerin mit einem Stuhl. So kann Amy bequem auf die Füße ihrer Besitzerin klettern. Vorher lernt der Hund, auf Signal auf Gegenstände zu springen.

Step 2 – Große Füße sind von Vorteil

Amy sitzt auf dem Stuhl, während sich Stefanie auf der Matte niederlässt. Der Stuhl muss in der Nähe stehen, damit Amy später auf Stefanies Füße klettern kann. Wichtig: Breite Sohlen sind ein Muss.

Step 3 – Von Fuß zu Fuß

Nun kommt eine Hilfsperson ins Spiel. Sie lockt Amy mit einem Leckerchen, während die Hundebesitzerin die Rückenlage einnimmt. Wenn man die Fußspitzen mit den Händen festhält, ist die Position stabiler. Mindestens ebenso wichtig ist die Hilfsperson. Sie muss das Leckerchen im richtigen Moment geben. Und zwar dann, wenn der Hund eine Pfote auf den Fuß seiner Trainerin setzt.

Step 4 – Erstes Füßeln wird belohnt

Amy erhebt sich aus der Sitzposition und setzt eine Pfote auf die Schuhsohle. Der Helfer belohnt sie mit einem Leckerchen. Dieser Schritt ist wichtig für den Erfolg des Trainings. Deshalb braucht man zahlreiche Wiederholungen, bevor es weitergeht.

Step 5 – Drei Pfoten auf zwei Schuhen

Jetzt muss die Hilfsperson nachhelfen. Sie umfasst Amys Bein und bewegt es nach vorn. Das Ziel ist, drei Pfoten auf den Schuhsohlen zu platzieren. Für diese Leistung gibt es ein Leckerchen. Wichtig: Den Hund nicht gegen seinen Willen festhalten.

Step 6 – Und nun mit allen vieren

Nun steht Amy mit allen vier Pfoten auf den Fußsohlen ihrer Besitzerin. Eine tolle Leistung. Überforderungen sind in dieser Phase zu vermeiden. Nachdem Amy mit allen vier Pfoten auf den Schuhen stand, hebt die Hilfsperson sie sofort herunter.

Step 7 – Balanceakt

Jetzt heißt es Üben, bis der Hund sicher steht. Was spektakulär anmutet, ist noch nicht die ganze Übung. Doch dazu später. Die Hilfsperson steht aufmerksam neben dem Geschehen und stabilisiert den Hund, wenn er das Gleichgewicht verliert.

Step 8 – Männchen zum Einstieg

Die Trainerin fordert Amy zum Sitzen auf und lockt sie mit einem Leckerchen in die „Männchen"-Position. Amy stützt sich mit einer Vorderpfote am Arm des Helfers ab.

Step 9 – Männchen auf Frauchens Fußsohlen

Amy klettert vom Stuhl auf die Füße. Sie macht sogar Männchen. Zeit, den Stuhl zu entsorgen, denn nun kommt das i-Tüpfelchen: Amy soll vom Boden aus auf die Füße der Trainerin springen. Stefanie hält die Füße am Anfang schräg, damit Amy die Fußsohlen sieht.

Office Post

Briefträger sind für Hunde ein heißes Thema. Doch der folgende Trick lässt den uniformierten Mann in einem ganz neuen Licht erscheinen. Denn wenn der Hund selbst zum Postboten mutiert und gleichzeitig auch noch ein Paket mimt, ist Spaß garantiert.

Step 1 – Rückwärts in den Briefkasten

Es ist nicht einfach, im Rückwärtsgang den Eingang des kleinen Briefkastens zu treffen. Doch Alina nimmt die Herausforderung an und robbt brav rückwärts, nachdem sie ihre Ausbilderin in kurzem Abstand vor dem Kasten abgelegt hat.

Step 2 – Vor- und zurückkriechen

Alina wird von ihrer Trainerin mithilfe eines Leckerchens gesteuert. Das haben die beiden vorher ohne Briefkasten geübt. Inzwischen funktioniert auch die Präzisionsarbeit. Das Kriechen studierten die beiden übrigens erst im Vorwärtsgang ein. Den Hund Platz machen lassen und ein Leckerchen vor seiner Nase über den Boden ziehen. Rückwärts funktioniert es umgekehrt: Platz machen lassen, ein Leckerchen vor die Nase halten und weiter zurückschieben.

Step 3 – Frech aus der Röhre geguckt

Geschafft. Alina steckt mit dem ganzen Körper im Briefkasten und lugt keck mit dem Kopf hervor. Für manche Hunde ist es beängstigend, mit dem Körper in einem engen Gegenstand zu stecken.

Sie sollte man schrittweise an diese Herausforderung heranführen. Erst mit einem großen ausladenden Gegenstand üben, dann immer kleinere Objekte wählen.

Step 4 – Flagge zeigen

Alina verlässt den Briefkasten auf Kommando und führt das letzte Detail dieses Tricks aus: Sie schiebt das kleine rote Fähnchen hoch, das signalisiert: Der Briefkasten ist voll. Einfach den Fang zwischen Briefkasten und Fähnchen schieben.

Step 5 – You've got mail

Na also. Das Fähnchen ist in Position und Alinas Trainerin freut sich über den tollen Ausbildungserfolg. Das Hochschieben des Fähnchens wurde zuvor mit einem Touch-Target geübt.

Step 6 – Noch mal in Seitenperspektive

Nun das Ganze aus Seitenansicht. Alina wird kurz vor der Öffnung des Briefkastens abgelegt. Sie darf sich nicht rühren, bevor ihre Ausbilderin das Kommando zum Rückwärtsrobben erteilt.

Step 7 – Kollision am Eingang

Und schon geht es los. Alina reckt den Allerwertesten in die Höhe, stemmt die Vorderbeine in den Boden und kriecht rückwärts. Obwohl sie sich an den Zeichen ihrer Trainerin orientiert, kommt es zum Zusammenstoß. Alina ist nervenstark und korrigiert die Kollision geschickt.

Step 8 – Zusammenstoß mühelos weggesteckt

Irgendwie muss das Hinterteil doch hineinpassen. Notfalls eben den Kasten anschieben. Alina hat ein robustes Gemüt. Doch nicht jeder Hund bleibt so cool, wenn er mit einem Objekt zusammenstößt, das sich direkt hinter ihm befindet. Bei sensiblen Hunden langsam vorgehen.

Kein alter Hut

Ein paar Euros mehr kann jeder gut gebrauchen. Was für eine charmantere Art könnte es geben, die Haushaltskasse aufzubessern, als mit diesem Trick? Einfach den Hund mit einem pfiffigen Hütchen im Maul losschicken und schöne Augen machen lassen.

Step 1 – Alter Hut mit breiter Krempe

Scully soll lernen, den Hut im Maul zu halten. Hierfür verwendet man am besten einen alten Stoffhut mit breiter Krempe. Hüte aus starren Materialien nehmen schnell Schaden und sind für den Hund nicht so bequem zu tragen.

Step 2 – Innenseite nach oben

Scully versteht und nimmt die Hutkrempe ins Maul. Jetzt erfolgt eine Bestätigung, damit der Hund weiß, dass er „ins Schwarze getroffen" hat. Die Bestätigung erfolgt durch einen Clicker, ein verbales Lob oder ein Leckerchen. Der Hund soll den Hut immer nur mit der Innenseite nach oben ins Maul nehmen. Das muss exakt mit dem Clicker bestätigt und wiederholt werden. Nimmt der Hund den Hut falsch herum ins Maul, abwarten bis ein neuer Versuch erfolgt.

Step 3 – Kopfbedeckung

Sissi setzt ihrem Helfer den Hut auf und fordert Scully auf, die Hutkrempe ins Maul zu nehmen. Manche Hunde brauchen länger, um den Zusammenhang zu begreifen. Dann einfach noch mal einen Schritt zurückgehen und in kleineren Übungsabschnitten arbeiten.

Step 4 – Vom Kopf gezogen

Nachdem Scully im ersten Schritt nur die Hutkrempe ins Maul nehmen sollte, darf sie den Hut nun abziehen. Der Helfer sollte dabei regungslos bleiben, um den Hund nicht abzulenken.

Step 5 – Anleitung auf Distanz

Zuerst saß Sissi direkt neben Scully, um sie anzuleiten. Als Nächstes muss der Terrier lernen, auch dann präzise zu arbeiten, wenn seine Besitzerin weiter weg ist. In dieser Phase am besten nicht den Helfer austauschen, sondern mit einer bekannten Person üben.

Step 6 – Bring den Hut

Inzwischen hat Sissi das Signal „Bring" in die Übung eingebaut. Sobald sie „Bring" sagt, soll Scully den Hut vom Kopf des Helfers ziehen und ihn zu seiner Besitzerin bringen. Diese befindet sich erst in kurzer Distanz zum Helfer und entfernt sich dann immer weiter.

Step 7 – Kleine Hütchen für kleine Hunde

Scully versteht und macht sich mitsamt Hut auf den Weg zu Sissi. Hier sieht man deutlich, dass die Größe des Hutes immer zur Größe des Hundes passen sollte. Ein zu großer Hut würde den Hund behindern. „Haste mal nen Euro, Frauchen?"

Tricks für zwei und mehr Hunde

MIT HUNDEFREUNDEN

Unter Gleichgesinnten macht Trickdogging noch mehr Spaß – wenn die Hunde daran Freude haben. Warum nicht mal mit mehreren Hunden Tricks kombinieren? Treffen Sie sich doch mit Besitzern und den Hundekumpels und üben Sie, was das Zeug hält.

Einkaufswagen

Ein Hund in einem Einkaufswagen ist schon ein Hingucker. Wenn er auch noch von einem Artgenossen „geschoben" wird, ist die Begeisterung der Fans riesengroß. Wobei dieses Kunststück vor allem als ungewöhnliches Fotomotiv dient und deshalb eher statisch verläuft.

Step 1 – Man nehme zwei gut gelaunte Hunde ...

Die Zutaten für diesen fröhlichen Trick: zwei bestens gelaunte Hunde und ein kunterbunter Kindereinkaufswagen. Letzteres gibt es in gut sortierten Spielzeugabteilungen. Dann noch ein Step-Target, einen Clicker und eine Tasche voller Leckerchen ... und schon kann das Training beginnen.

Step 2 – Bequem gemacht

Zuerst lernt Alina, seelenruhig im Einkaufswagen zu sitzen. Damit nicht gleich alles mit einem großen Schreck beginnt, blockiert der Trainer die Räder des Einkaufswagens mit seinem Fuß.

Step 3 – Komfort ist gefragt

Damit sich Alina im Einkaufswagen wohlfühlt, sollten die Größen von Hund und Gefährt zueinanderpassen – nicht zu wenig und

nicht zu viel Platz ist optimal. Passt alles, setzt der Trainer den Hund in den Wagen. In eine Schubkarre könnte er auch selbst springen, beim Einkaufswagen behindern ihn jedoch die recht hohen Seitenbegrenzungen. Nun erteilt der Trainer das Kommando „Sitz". Alternativ kommt auch „Platz" infrage – abhängig davon, in welcher Position sich der Hund am sichersten fühlt. Damit der Hund nicht hinausspringt, bleibt die Hilfsperson auch weiterhin in der Nähe stehen. Verhält sich der Vierbeiner ruhig, erfolgt eine Bestärkung.

Step 4 – Nun ist der Hundekumpel an der Reihe
Jetzt darf Alina den Einkaufswagen verlassen, denn nun muss der Trickpartner ran. Der zweite Hund hat bereits im Vorfeld gelernt, seine Vorderpfoten gezielt auf Gegenstände zu legen. Dadurch ist er mit dem Step-Target vertraut, das nun auf den Griff des Einkaufswagens weist. Berührt der Hund das Target mit der Pfote, sofort bestärken. Im nächsten Schritt daran arbeiten, dass er beide Vorderpfoten auf dem Handgriff platziert. Die Dauer allmählich ausdehnen. Macht der Hund nicht mit, einfach ignorieren und erneut versuchen. Beim kleinsten Erfolg bestätigen.

Step 5 – Beide Tricks kombinieren
Wenn beide Hunde ihre Aufgabe sicher beherrschen, kombiniert der Trainer beide Trickelemente miteinander. Vom Ablauf her ist es sinnvoll, erst den einen Hund in den Wagen zu setzen und dann den zweiten an den Griff zu stellen. Für beide Aktionen werden bestimmte Stimmkommandos eingeführt, zum Beispiel „Stay" für den sitzenden und „Pull" für den stehenden Hund.

Tipp

Mit blockierten Reifen
Damit der Helfer nicht immer einen Fuß vor das Rad stellen muss, sollte man die Räder einfach mit einem Türstopper blockieren. Fertig ist das Fotomotiv.

Hund auf Hund

Auf einem Artgenossen herumkraxeln? Da wird manchen Hunden mulmig, und auch der als Hundekissen umfunktionierte, schluckt mitunter nervös, wenn man ihm aufs Dach steigt. Deshalb sollten sich die Hunde, die diesen Trick zeigen, kennen und auch mögen. Sonst fliegen womöglich die Fetzen.

Step 1 – Gemischtes Doppel

Zum Einüben dieses vielseitig gestaltbaren Fotomotivs braucht man zwei Hunde und zwei Trainer. Jeder Ausbilder betreut einen Hund und gibt ihm während des Tricks exakte Anweisungen. Das erfordert viel Disziplin und Konzentration – sowohl von den Hunden als auch von den Menschen.

Step 2 – Du liegst oben und ich lieg unten

Mit welcher Konstellation man beginnt, hängt von den Vorlieben der Hunde ab. Manche haben kein Problem damit, unten zu liegen, während der andere auf ihrem Rücken herumklettert und seinen Kopf zwischen ihren Ohren ablegt. Andere mögen das nicht und sind bei diesem Trick lieber obenauf. Einfach ausprobieren und genau beobachten, in welcher Position sich welcher Hund am wohlsten fühlt.

Step 3 – Körperkontakt aufnehmen

Man kann damit beginnen, einen Hund „Platz" machen zu lassen. Nun darf sich der andere Hund schrittweise annähern und Körperkontakt aufnehmen. Zuerst reicht es, wenn er eine Pfote auf dem Rücken des anderen platziert. Der Trainer motiviert ihn hierzu mit einem Pfoten-Target und führt ein Stimmkommando ein, zum Beispiel „Drauf". Bei Erfolg gibt es eine Belohnung.

Step 4 – Zwei Pfoten auf der Schulter

Als Nächstes befinden sich beide Pfoten auf dem Rücken des liegenden Hundes. Der eine Hund steht praktisch auf dem anderen. Der Kontakt zwischen Hund und Trainer darf nun nicht abreißen. Jetzt die Blickrichtung der Hunde durch Hand- oder Stimmsignale ausrichten. Dann sieht das Ganze schon richtig professionell aus.

Step 5 – Motivierte Vierbeiner?

Dieser Trick lässt sich beliebig variieren. Und es gibt ganz unterschiedliche Schwierigkeitsgrade. Wie weit Trainer und Hunde gehen können, hängt zu einem großen Teil von der Motivation der Vierbeiner ab. Gewinnen sie Spaß an der Sache, sind sie zu allen Schandtaten bereit. Können sie ihr Dominanzverhalten jedoch nicht überwinden, gibt es Probleme.

Hund zieht an Rute

Ein Hund, der einen anderen an der Rute zieht, ist ein ungewöhnlicher Anblick. Bei diesem Kunststück sollte die Chemie zwischen beiden Vierbeinern stimmen, und es ist nur für Hunde geeignet, deren Temperament zügelbar ist.

Step 1 – Sacht zugepackt

Es gibt eine Voraussetzung für diesen Trick: Der Hund, der die Rute des anderen halten soll, beherrscht bereits das Halten von Gegenständen. Und zwar zuverlässig und gut kontrollierbar. Er darf keinesfalls dazu tendieren, einfach wild an der Rute zu ziehen. Das ruhige Halten lässt sich im Vorfeld gut mit anderen weichen Objekten trainieren.

Step 2 – Nichts für Sensibelchen

Auch der Hund, auf dessen Rute es bei diesem Trick alle abgesehen haben, unterliegt bestimmten Anforderungen. Er darf im Rutenbereich keinesfalls besonders sensibel sein. Es gibt Hunde, die Berührungen an der Rute überhaupt nicht mögen. Sie scheiden für dieses Kunststück aus, denn Trickdogging soll Spaß machen. Außerdem ist es von Vorteil, mit einem Hund zu üben, der langes

Fell hat. So kann sich der andere Hund die langen Haare schnappen und die Rute festhalten. Bei kurzhaarigem Fell könnte der direkte Zugriff auf die empfindliche Rute Unwohlsein verursachen.

Step 3 – Der Rutenschnapper nähert sich

Sind alle Voraussetzungen geschaffen, geht es los. Der Trainer platziert den ersten Hund per Stimmkommando an einer bestimmten Stelle. Dort bleibt er regungslos stehen, während sich der zweite Hund von hinten nähert. Der erste Trainer konzentriert sich auf den stehenden Hund, der zweite Ausbilder leitet den „Rutenschnapper" an.

Step 4 – Mit Ruhe und Bedacht

Der zweite Ausbilder gibt seinem Hund nun das Kommando für das Halten eines Gegenstands. Alles Weitere sollte sehr ruhig und mit Bedacht geschehen, damit die Rute auch tatsächlich sanft umfasst wird. Ist der Hund zu aufgekratzt, erst mal eine Spielrunde einlegen und dann nochmals versuchen.

Tipp

Anfangs mit Zugucken

Der stehende Hund darf anfangs den Kopf abwenden und beobachten, was hinter ihm geschieht. Dann erschrickt er nicht. Später sollte er den Blick immer in Wunschrichtung halten.

Hundegruppe am Schrank

Dieser Trick ist ein Meisterstück, das viele anspruchsvolle Elemente des Trickdoggings vereint. Die „Hundegruppe am Schrank" erfordert viele konzentrierte Teams. Denn jeder einzelne Vierbeiner wird von seinem Ausbilder gesteuert.

Step 1 – Ein Schrank und viele Kleinigkeiten

Der Trick ist aufwendig, aber lohnend. Zum einen bringt er jede Menge Spaß mit Gleichgesinnten, zum anderen ist er eine hervorragende Möglichkeit, den Einfluss auf den eigenen Hund unter Ablenkung zu trainieren. Was man dafür benötigt? Einen dekorativen Schrank, dessen untere Schublade groß genug für einen Hund ist und natürlich alle erdenklichen Requisiten, die dieses außergewöhnliche Fotomotiv noch fantasievoller gestalten. Die Trick Dogs präsentieren sich mit Miniatur-Römerwagen, cooler Sonnenbrille, Papierzigarre und Plastikflasche.

Step 2 – Ein buntes Puzzle aus vielen Stücken

Folgende Einzelposen tragen zur gelungenen Trick-Collage bei: Ein Hund in der Schublade. Ein Vierbeiner mit Schamgefühl. Ein bellendes Zugpferd. Ein mächtiger Mafiaboss. Ein „Flaschenhalter" und jede Menge fröhlicher Hunde in ihren spontanen Lieblingsposen. Der Fantasie sind keine Grenzen gesetzt.

Step 3 – Vom Sichersten bis zum Ungeduldigsten

Der Trick beginnt mit dem Hund, der seine Pose am sichersten beherrscht. Der Trainer begleitet ihn zum Schrank, platziert ihn wie gewünscht und postiert sich selbst mit ein paar Metern Abstand. Dann startet Trainer Nummer zwei und so weiter, bis schließlich auch der ungeduldigste Hund – als Letzter – Position bezogen hat.

Step 4 – Voll auf den eigenen Hund konzentriert

Jetzt zeigt sich, wie stabil die Verbindung zwischen Hund und Ausbilder ist. Es ist in der Tat schwierig, sich auf eine bestimmte Aufgabe zu konzentrieren, wenn rechts einer einen Handstand macht und links einer in der Schublade verschwindet.

Step 5 – Anspruch langsam steigern

Der Trick lässt sich vielseitig variieren. Es ist ohnehin ratsam, zuerst zwei oder drei Hunde in Szene zu setzen und ihre Anzahl erst all-mählich zu erhöhen. Fällt ein Hund immer wieder aus dem Rahmen, sollte man ihn herausnehmen und das Einzeltraining wiederholen, bis er mehr Stabilität erlangt. Dann erst mit einem anderen Hund kombinieren. Bei Erfolg den Anspruch langsam steigern.

Der
Blumenkavalier

Cyrano ist ein charmanter Blumenüberbringer. Der bunte Gruß gilt Terrier-Dame Scully, die den Avancen mit Aufgeschlossenheit begegnet. Was einfach aussieht, ist ein wirklich anspruchsvoller Trick, der die Hunde gleich in mehreren Beziehungen auf die Probe stellt.

Step 1 – Blume halten mit einem Hund

Zuerst wird nur mit einem Hund trainiert. Er soll die künstliche Blume halten (S. 18-19). Marlene Kühn achtet darauf, dass „Cyri" nicht auf der Blume herumkaut.

Step 2 – Mundraub? Unverschämtheit!

Cyrano und Scully dürfen sich einander annähern. Anfangs sollte der Abstand größer sein. Schließlich ist es ganz schön dreist, wenn ein Hund dem anderen die Beute aus dem Maul entwendet. Damit der Beraubte nicht zuschnappt, gewöhnt ihn der Trainer schrittweise an die Annäherung. Der Hund, der dem anderen die Blume abnimmt, muss vorher Folgendes können: mit der Blume im Maul bei Fuß laufen, ohne sie fallen zu lassen. Aus dem Laufen heraus muss er wieder Sitz machen und die Blume auf Kommando hin ablegen.

Step 3 – Gemessen schreiten

Die beiden Terrier machen das super, ihre Besitzerinnen haben auch gründlich mit ihnen trainiert. Zum Übungsplan gehörte auch die Überprüfung des Kommandos „Sitz und bleib" – allerdings unter erschwerten Bedingungen. Cyrano musste mit der Blume im Maul

zwei Meter vor seiner Trainerin sitzen, während sie ihn aufforderte, langsam auf sie zuzukommen. Das Tempo lässt sich durch Stimme und Körpersprache beeinflussen. Später wird die Distanz erhöht. Fällt die Blume zu Boden, muss sie der Hund aufheben, und die Übung beginnt von vorn.

Step 4 – Ein Zerrspiel, das keins sein darf
Das sieht nach Zerrspiel aus, doch das dürfen die Hunde nicht. Deshalb mussten Cyri und Scully zuerst brav nebeneinandersitzen und jeder das Ende einer ein Meter langen Kunststoff-Sonnenblume im Maul halten. Ohne Zerren und Ziehen. Da beide Hunde in dieser Position ihre beiden Trainer ansehen, lässt sich das in der Regel gut korrigieren. Danach wird die Übung gegenüberstehend wiederholt.

Step 5 – Höchste Konzentration
Es ist sinnvoll, diesen Trick mit zwei Trainern einzustudieren, denn viele Kommandos müssen gleichzeitig gegeben werden. Von den Hunden erfordert das höchste Konzentration. Jeder Trainer beeinflusst seinen Hund, während die Vierbeiner näher aneinander rücken und dabei die Blume halten.

Step 6 – und Disziplin
Ganz schön diszipliniert, dass die beiden jetzt nicht einfach losrennen und mit der Blume spielen. Es bedarf sehr viel Konsequenz und manchmal auch viele Wiederholungen, bis das so gut klappt wie bei Cyrano und Scully.

Step 7 – Blume übergeben
„Cyri, aus!", fordert Marlene Kühn, und leitet damit das Finale des Blumentricks ein. Es fällt dem Rüden nicht leicht, die Beute aufzugeben, aber er gehorcht.

Römerwagen

Wer den Klassiker Ben Hur mag, wird von diesem Fotomotiv begeistert sein. Es sind zwar keine Pferdestärken, die mit trommelnden Hufen ein Wagenrennen bestreiten, aber ein schöner Hund macht sich im römischen Gespann mindestens ebenso gut.

Step 1 – Herausforderung für Bastler und Heimwerker

Bastler und Heimwerker sind bei diesem Kunststück klar im Vorteil. Handwerklich weniger begnadete Hundebesitzer müssen den kleinen Römerwagen bei einem Profi in Auftrag geben, damit das Ergebnis stimmt. Doch der Einsatz lohnt sich, weil individuelle Requisiten für Trickdogger einfach reine Lebensfreude bedeuten.

Step 2 – Allein anspannen

Dieser Römerwagen ist so gebaut, dass der Hund seinen Kopf ganz allein in das Geschirr schieben und sich so selbst anspannen kann. Der Trainingswert erhöht sich hierdurch ganz erheblich und der Effekt des Tricks ist viel durchschlagender.

Step 3 – Schnell mal hineingeschlüpft

Damit all das auch auf Distanz funktioniert, sollte der Hund zuvor lernen, gezielt einen Gegenstand aufzusuchen. Der zweite Schritt besteht darin, ihm zu zeigen, wie er den Kopf geschickt durch die Lederriemen manövriert. Das klappt meistens am besten mit einem

Leckerchen, mit dem der Trainer den Kopf des Hundes lenkt. Diese Übung mehrmals wiederholen, mit einem Stimmkommando verknüpfen und dann auch auf Distanz üben.

Step 4 – Ruhig abwarten

Als Nächstes lernt der Hund, ruhig im Geschirr zu stehen. Der Trainer fordert ihn per Stimmkommando dazu auf, den Kopf durch das Geschirr zu schieben und sich gerade vor dem Römerwagen aufzustellen. Das funktioniert mit einem Handzeichen oder dem Signal „Bleib".

Step 5 – Leg dich ins Zeug und zieh

Die Steigerung des Tricks liegt in der Bewegung. Der Hund soll den Römerwagen ziehen. Zuerst reichen wenige Zentimeter, damit sich der Vierbeiner an das fremde Geräusch gewöhnt. Am besten auf einem glatten Untergrund üben, etwa einem asphaltierten Weg.

Step 6 – Für Streitwagenfahrer

Es gibt noch eine Steigerung: einen zweiten Hund, der hinten im Römerwagen sitzt. Der sollte bereits gelernt haben, sich auf Gegenstände zu setzen und dort bewegungslos zu verharren. Da es sich hier um ein Fotomotiv handelt, bleibt das Gespann mit lebender Fracht an Ort und Stelle stehen. Soll es auch gezogen werden, muss der „Zughund" wesentlich größer und kräftiger sein als sein Partner hinten auf dem Wagen. Außerdem setzt das ein wirklich fahrtüchtiges Gefährt mit exakt sitzendem Geschirr voraus.

Für Cheyenne

Ich widme dieses Buch meiner langjährigen Begleiterin Cheyenne, die als erster Hund in Deutschland Tricks öffentlich mit Spaß und ohne Zirkuscharakter vorgeführt hat.

Cheyenne war der erste Trick Dog Deutschlands und ohne diesen wundervollen Hund wäre die Entwicklung der Trick Dogs sicher anders gelaufen.

Cheyenne ist leider vor der Planung des Buches verstorben und soll durch diese Widmung unvergessen bleiben.

Danksagung

Ich danke allen Mitgliedern der Trick Dogs für ein tolles Teamgefühl mit viel Spaß und immer neuen Ideen, die in diesem Buch wiederzufinden sind. Ohne die Unterstützung beim Fotoshooting und die vielen Texte der Trickdogger wäre das Buch nicht so schön und umfangreich geworden.

Ich danke den vielen Menschen, die einen Teil meines Trick-Dog-Weges mit mir gegangen sind, und natürlich danke ich den dazugehörigen Hunden, ohne die unser Training gar nicht möglich gewesen wäre. Besonders möchte ich mich bei Sunny, Robchen, Sam, Ninja, Balou, Enza und Keona, Feli, Prinzessa und Charly, Darky, Pia und India und all den anderen tollen Hunden bedanken.

Ein großes Dankeschön geht an die ganze Familie Olberts aus Langenhahn Hintermühlen und dem Team der Markus Mühle sowie Luposan für den unermüdlichen Einsatz und den großartigen Support. Ebenso Familie Boberg für die tollen Ideen, um die Trick Dogs bei ihren Auftritten noch bunter zu machen.

Dem VDH gilt mein Dank für die jahrelange Zusammenarbeit und Unterstützung. Bereits von Anfang an gaben sie uns die Möglichkeit, die Arbeit mit unseren Hunden einem großen Publikum zugänglich zu machen.

Ein dickes Dankeschön geht an Gabriele Metz und Marc Heppner für die tolle Zusammenarbeit beim Buch und die schönen Fotos.

Besonderer Dank gilt meinem Mann, der immer an mich und meine verrückten Pläne geglaubt und mich tatkräftig bei der Entwicklung der Ideen sowie deren Umsetzung unterstützt hat.

Letztlich danke ich meinen Hunden, die für jeden Spaß zu haben sind und meine Ideen tatsächlich Wirklichkeit werden lassen.

Zum Weiterlesen

Rund um den Clicker
Krauß, Katja: Hunde erziehen mit dem Clicker. Kosmos 2006.
Pietralla, Martin: Clickertraining für Hunde. Kosmos 2003.
Pietralla, Martin: Clickertraining für unterwegs. Kosmos 2004.

Spiel und Spaß für Hunde
Blenski, Christiane: Hundespiele. Kosmos 2007.
Blenski, Christiane: Schnüffelspiele für Hunde. Kosmos 2009.
Büttner-Vogt, Inge: Spiel & Spaß mit Hund. Kosmos 2008.

Lesestoff für Hundefreunde
Brügge, Christine: Und dann kam Luna. Kosmos 2008.
Hoefs, Nicole und Petra Führmann: Was liest der Hund am
Laternenpfahl? Kosmos 2007.
Van der Leyen, Katharina: Dogs in the City. Kosmos 2009.

Zum Weiterclicken
www.trick-dogs.de
www.vdh.de
www.hundeschule-westerwald.de
www.gabriele-metz.de

Register

Bildnachweis

251 Farbfotos wurden von Gabriele Metz/Kosmos für dieses Buch
aufgenommen.
Weitere Farbfotos von Simone Doepp (1; Seite 124).

Impressum

Umschlaggestaltung von eStudio Calamar unter Verwendung
von vier Farbfotos von Gabriele Metz.

Mit 263 Farbfotos.

Unser gesamtes lieferbares Programm und viele
weitere Informationen zu unseren Büchern,
Spielen, Experimentierkästen, DVDs, Autoren und
Aktivitäten finden Sie unter **www.kosmos.de**

Gedruckt auf chlorfrei gebleichtem Papier

© 2009, Franckh-Kosmos Verlags-GmbH & Co. KG, Stuttgart.
Alle Rechte vorbehalten
ISBN 978-3-440-11646-3
Redaktion: Alice Rieger
Gestaltungskonzept: solutioncube GmbH, Reutlingen
Gestaltung und Satz: Populaergrafik, Stuttgart
Produktion: Eva Schmidt
Printed in Germany / Imprimé en Allemagne

KOSMOS.
Einfach mehr Spaß.

Auf die Düfte, fertig, los

Hunde sind Nasentiere, sie „sehen" die Welt mit der Schnauze und lieben Such- und Fährtenspiele. In diesem Buch finden Sie alles, was Sie brauchen, um die 200 Millionen Riechzellen Ihrer vierpfotigen Schnüffelnase auf Hochtouren arbeiten zu lassen. Mehr Spaß mit Ihrem Hund – jeden Tag!

Christiane Blenski
Schnüffelspiele für Hunde
96 S., 160 Fotos, €/D 9,95
ISBN 978-3-440-11618-0

Frische Spielideen

Kennen Sie Becher-Memorie, Socken-Sucher oder Schiefe Bahn? Ob mit Schwung oder mit Köpfchen, zu zweit oder mit Kindern, ob draußen oder im Wohnzimmer – hier sind über 50 Anleitungen für Spiele, die die Hundebegeisterung neu entfachen.

Christiane Blenski
Hundespiele
128 S., 250 Abb., €/D 14,95
ISBN 978-3-440-10711-9

www.kosmos.de/hunde